中等职业教育旅游大类专业
课程改革配套教材编写委员会

主　　　任：朱永祥
副　主　任：程江平　崔　陵
委　　　员：洪彬彬　钱文君　夏向荣　鲍加农
　　　　　　吕永城　孙坚东　朱孝平　马雪梅
　　　　　　林建仁　何　山　郑海湧
主　　　编：张建国
执 行 主编：周武杰
执行副主编：厉志光
编　　　者：周武杰　张建国　厉志光　沈勤峰
　　　　　　周建良　王良民　杜碧锋　李希平
　　　　　　诸奎松　冯勤伟　刘　赟

炉台实战技艺

第②版

北京师范大学出版集团
BEIJING NORMAL UNIVERSITY PUBLISHING GROUP
北京师范大学出版社

图书在版编目（CIP）数据

炉台实战技艺 / 周武杰　执行主编 . —2 版 . —北京：北京师范大学
出版社，2021.11（2024.7 重印）

ISBN 978-7-303-26981-5

Ⅰ . ①炉…　Ⅱ . ①周…　Ⅲ . ①烹饪 – 方法 – 中等专业学校 –
教材　Ⅳ . ① TS972.11

中国版本图书馆 CIP 数据核字（2021）第 092477 号

教材意见反馈　gaozhifk@bnupg.com　010-58805079
营销中心电话　010-58802755　58800035
编辑部电话　010-58807363

LUTAI SHIZHAN JIYI

出版发行：北京师范大学出版社　www.bnupg.com
　　　　　北京市西城区新街口外大街 12-3 号
　　　　　邮政编码：100088

印　　刷：北京同文印刷有限责任公司
经　　销：全国新华书店
开　　本：889 mm×1194 mm　1/16
印　　张：15.75
字　　数：347 千字
版　　次：2021 年 11 月第 2 版
印　　次：2024 年 7 月第 17 次印刷
定　　价：46.80 元

策划编辑：姚贵平　　　　　　　责任编辑：申立莹
美术编辑：焦　丽　　　　　　　装帧设计：焦　丽
责任校对：陈　荟　　　　　　　责任印制：马　洁　赵　龙

修订说明

　　《炉台实战技艺》第一版较好地体现了能力培养、实践导向的教材编写思路，以项目为载体、以传承中华饮食文化为目的，有效助推教学做评一体化的教学模式。第一版自2012年发行以来，受到了师生的好评。为了使教学内容更加完善，全面落实"为党育人，为国育才"的要求，满足职业教育教学改革和烹饪专业发展的新需求，在对行业企业和一线专业教师调研的基础上，我们对教材进行了必要的修订。本次修订适逢党的二十大召开，我们在深入学习党的二十大精神的基础上，把党的二十大报告提出的努力培养造就更多大国工匠、高技能人才，人民至上、生命至上，倡导文明健康生活方式等有机融入教材之中。

　　本次修订以习近平新时代中国特色社会主义思想和党的二十大精神为指导，遵循"知行合一、工学结合"的原则，融入现代学徒制试点成果经验，将新技术、新工艺、新规范纳入教学内容，有利于学生实训实习和校企协同培养学徒。本次修订调整了原有项目，删除一些比较落后的内容，增加一些新的内容，如增加了制汤这一教学项目，符合企业实际生产过程的需要和岗位对学生知识技能的需求，进一步凸显中国烹饪传统特点。拓展菜例的选择接轨企业生产流程，让学生更好地了解企业经营特点和规范。勺工勺法和打荷部分内容更为简捷扼要，注重学生基本功的训练掌握。

　　修订后的教材总体仍保持原有教材的体系结构，增加了复习思考题，同时配套网络教学资源，通过封底所附二维码，可获取相关信息化教学资源，帮助学生课前预习和课后复习，为教师翻转课堂教学提供帮助。

　　本书共分十个教学项目，总参考学时为254学时，建议学分为16学分。各项目参考课时如下表所示。

序号	学习项目	参考课时
1	项目一　勺工勺法	10
2	项目二　火候测控	12
3	项目三　调味技巧	20
4	项目四　制汤	8
5	项目五　初步熟处理	20
6	项目六　糊浆处理	32
7	项目七　水烹法	48
8	项目八　油烹法	76
9	项目九　其他烹法	10
10	项目十　打荷	18
合计		254

　　本书由张建国担任主编，周武杰担任执行主编，厉志光担任执行副主编，修订再版时，项目一、项目七由周武杰、沈勤峰、周建良修订，项目二、项目六由王良民修订，项目三、项目五由杜碧锋修订，项目四由李希平修订，项目八由诸奎松、冯勤伟修订，项目九、项目十由厉志光、刘赟修订。全书由张建国、周武杰统稿，中国烹饪大师李林生先生对本书进行审稿并提出宝贵的指导意见。

　　由于本书修订时间较为仓促，不当之处在所难免，衷心希望使用本书的广大师生能够提出宝贵意见，以便我们下次修订时进一步完善。

编者

目 录

contents

项目一
勺工勺法

+ 项目介绍

在中式烹调实战技艺中，勺工勺法是一项特有的烹饪施艺的技术，也是每位烹调师调节和控制火候必备的基本功之一。

+ 学习目标

1. 了解各种锅、勺的种类规格及用途。
2. 熟悉各种锅、勺的保养方法。
3. 掌握临灶翻锅的基本姿势。
4. 学会各种翻锅的方法。
5. 掌握手勺在翻锅过程中的各种用法。

 项目实施

任务一　勺工技术

中华烹饪文化是中华优秀传统文化的重要组成部分。在中式烹调中，勺工是把烹饪器具、火、食材、水、油等烹饪要素有机结合起来，实施烹调的综合性技艺；是厨师要掌握的基本技艺之一。在烹制菜肴的过程中，人始终都离不开对锅、勺的使用，锅、勺的使用统称为勺工技术，对烹调菜肴至关重要，并会影响成品菜肴的品质。所以，为了更好地烹调菜肴，必须掌握勺工技术这一基本功。

锅、勺的类别

锅。锅亦称炒锅、煸锅，通常是用熟铁制成的（也有用生铁制成的）。炒锅在我国南方地区的餐饮业中使用较为广泛，按形状不同可分为单柄锅（图1-1）、双耳锅（图1-2）；根据容量分为大、中、小三种型号。炒锅的外形特征为：锅底厚，锅壁薄且浅，分量轻。主要用于炒、熘、爆等烹调方法。

图1-1　单柄锅　　　　　　　　　图1-2　双耳锅

勺。勺分为手勺（图1-3）和漏勺（图1-4、图1-5）。

图1-3　手勺　　　　　图1-4　漏勺（1）　　　图1-5　漏勺（2）

手勺也称炒勺、马勺，是烹调中搅拌菜肴、添加调料、舀汤、舀原料以及盛装菜肴的工具，一般用熟铁或不锈钢制成。手勺的规格分为大、中、小三种型号。应根据烹调的需要，选择使用相应型号的手勺。

漏勺是烹调中捞取原料或过滤的工具，用熟铁或不锈钢制成。漏勺的外形与炒勺相似，只不过表面积较大，且漏勺内有许多排列有序的圆孔。

 烹饪工作室

一、勺工姿势

（一）基本站姿

临灶操作的基本姿势，是从方便操作，有利于提高工作效率、减轻疲劳、降低劳动强度，有利于身体健康等方面考虑的，具体要求如下（图1-6、图1-7）。

第一，面向炉灶站立，人体正面应与灶台边缘保持一定距离（可根据身高保持在5～25厘米）。

第二，两脚分开站立，两脚尖与肩同宽，为40～50厘米（可根据身高适当调整）。

第三，上身保持自然正直，自然含胸，略向前倾，目光注视勺中原料的变化。不可弯腰曲背，以免造成职业病。

（1）　　　　　　　　　　　　　　　（2）

图1-6　使用双耳锅（广锅）的基本姿势

（1）　　　　　　　　　　　　　　　（2）

图1-7　使用单柄锅（京锅）的基本姿势

 **行家点拨**

翻炒姿势与灶台高低有一定的关系。用于翻炒的灶台，其高度为85～90厘米。灶台太高，人的手就要过高抬起，这样就会加重手臂及手腕的负担，使人感到十分吃力。反之，灶台太低，人必然会弯腰屈臂，加重腰腹的负担，时间长了就会感到腰酸背疼。

（二）握勺的手势

握勺的手势主要包括握锅的手势、握手勺的手势、握漏勺的手势，操作时能做到握锅、握手勺、握漏勺的姿势协调配合（图1-8）。

1. 握锅的手势。

握单柄锅的手势：左手握住锅柄，手心朝右上方，大拇指在锅柄上面，其他四指弓起，指尖朝上，手掌与水平面约成40°，合力握住锅柄。

图1-8　炸制过程中，手勺和漏勺的相互配合

握双耳锅的手势：用左手大拇指扣紧锅耳的左上侧，其他四指微弓朝下，右斜张托住锅壁。

以上两种握锅的手势，在操作时应注意不要过于用力，以握牢、握稳为准，以便在翻锅中充分利用腕力和臂力的变化，使翻锅灵活自如。

2. 握手勺的手势。

用右手的中指、无名指、小拇指与手掌合力握住勺柄，主要目的是在操作过程中起到勾拉、搅拌的作用。具体方法是：食指前伸，紧贴勺柄右侧，大拇指伸直与食指、中指合力握住勺柄后端，勺柄末端顶住手心。要求握牢，施力、变向均要做到灵活自如。

手勺在勺工中起着重要的作用，不仅仅用来舀原料和盛菜装盘，还要参与配合左手翻锅。通过手勺和锅的密切配合，可达到使原料受热均匀、成熟一致、挂芡均匀、着色均匀的目的。手勺在操作过程中大致有以下几种方法。

拌法。当用爆、炒等烹调方法制作菜肴时，原料下锅后，先用手勺翻拌原料将其炒散，再利用翻勺将原料全部翻转，使原料受热均匀。

推法。当对菜肴施芡时，用手勺背部或其勺口前端向前推炒原料或芡汁，扩大其受热面积，使原料或芡汁受热均匀、成熟一致。

搅法。有些菜肴在即将成熟时，往往需要烹入碗芡或碗汁，为了使芡汁均匀包裹住原料，要用手勺从侧面搅动，使原料、芡汁受热均匀，并使原料、芡汁融为一体。

拍法。在用扒、熘等烹调方法制作菜肴时，先在原料表面淋入水淀粉或汤汁，然后用手勺背部轻轻拍按原料，可使水淀粉向原料四周扩散、渗透，使之受热均匀，并使成熟的芡汁均匀分布。

淋法。淋法即在烹调过程中，根据需要用手勺舀取水、油或水淀粉，并缓缓地淋入炒锅内，使之分布均匀。

3. 握漏勺的手势。

握漏勺可左手握锅柄、右手握漏勺，或左手握漏勺、右手握手勺。左右手协调配合，从锅中捞取菜肴。具体方法是：食指前伸（对准漏勺侧面方向），大拇指伸直与食指、中指合力握住漏勺柄后端，勺柄末端顶住手心。漏勺伸入锅中，转动漏勺至勺口向上，将菜肴全部捞在漏勺中。轻颠几次漏勺至油或水基本沥干，再将菜肴移至所需位置。

二、锅、勺的保养

第一，新锅使用前，要用砂纸或红砖磨光，再用食用油润透，使之干净、光滑、油润，这样烹调时原料不易粘锅。新手勺、漏勺需用洗洁精、热水等清洗干净。

第二，炒锅每次用完后应以炊帚擦净，再用洁布擦干，以保持锅内光滑洁净以防生锈，否则再次使用时易粘锅。如炒锅上芡汁较多不易擦净，可用炊帚、洗洁精等擦净，最后用洁布擦干。手勺、漏勺等每次用完后，直接用水刷洗干净即可。

第三，每天使用结束后，都要将炒锅的里面、底部和把柄彻底清理、刷洗干净，按规定位置摆放整齐。手勺、漏勺等每天使用结束后，刷洗干净，按规定摆放整齐。

拓展训练

一、抹布叠法训练

在勺工中，抹布的使用起着非常关键的作用，如何使用抹布也是需要学习和训练的。图 1-9 是双耳锅的抹布叠法的基本流程，请尝试练习。

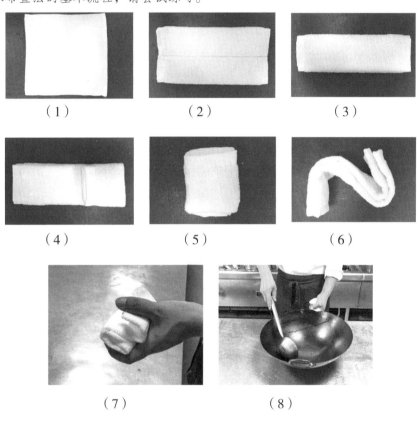

图 1-9　双耳锅的抹布叠法

二、洗锅训练

炒锅的清洗一般是用笲帚，采用局部戳洗和顺时针旋洗两种方法，请根据图 1-10 和图 1-11 尝试进行如下练习。

图 1-10　局部戳洗

图 1-11　顺时针旋洗

任务二　翻　锅

 主题知识

在烹调过程中，要使原料在炒锅中成熟一致、入味均匀、着色均匀、挂芡均匀，除了用手勺搅拌以外，还要采用翻锅的方法。翻锅是根据菜肴的不同要求，运用不同的技法，将原料在锅内进行娴熟、准确、及时、恰到好处地翻动，从而使菜肴在受热成熟、入味、着色、挂芡、造型等方面达到质量要求的一项技术。

在实践中，根据原料形状、成品形状、勾芡方法、火候要求、动作熟练程度等因素，将翻锅技术划分为小翻锅、大翻锅、晃锅、转锅等。

烹饪工作室

一、小翻锅

小翻锅又称颠锅，是最常用的一种翻锅方法。这种方法因原料在其中运动的幅度较小而得名。

（一）拉翻锅

拉翻锅又称拖翻锅，即在灶口上翻锅，是将炒锅底部依靠着灶口边沿的一种翻锅技法。

操作方法。 左手握住锅柄（或锅耳），炒锅向前倾斜，先向后轻拉，再迅速向前送出。以灶口边为支点，使炒锅底部紧贴灶口边沿呈弧形下滑，至炒锅前端还未触碰到灶口前沿时，将炒锅的前端略翘，然后快速向后勾拉，使原料翻转（图1-12、图1-13、图1-14）。

图1-12　推翻锅（1）　　　　图1-13　推翻锅（2）　　　　图1-14　推翻锅（3）

技术要领。 拉翻锅是通过小臂带动大臂的运动，利用灶口的杠杆作用，使锅底在上面前后呈弧形滑动。炒锅向前送时速度要快，先将原料滑送到炒锅的前端，然后顺势依靠腕力快速向后勾拉，使原料翻转。这"拉、送、勾拉"三个动作要连贯、敏捷、协调、利落。

适用范围。 这种翻锅方法在实践操作中应用较为广泛，单柄锅、双耳锅均可使用，主要适用于熘、炒、爆、烹等烹调方法。

（二）悬翻锅

悬翻锅是指将炒锅端离灶口，与灶口保持一定距离的翻锅方法。

操作方法。左手握住锅柄，将勺锅端起，与灶口保持一定距离（为20～30厘米），使炒锅前低后高，先向后轻拉，再迅速向前送出。当原料送至炒锅前端时，将炒锅的前端略翘，快速向后拉回，使原料做一次翻转。

技术要领。向前送时速度要快，同时炒锅向下呈弧形运动；向后拉时，炒锅的前端要迅速翘起。

适用范围。这种翻锅方法单柄锅、双耳锅均可使用，主要适用于熘、炒、爆、烹等烹调方法。

（三）助翻锅

助翻锅是指炒锅翻动时，手勺协助推动原料翻转的一种翻勺技法。

操作方法。左手握炒锅，右手持手勺，手勺在炒锅的上方里侧，炒锅先向后轻拉，再迅速向前送出，手勺协助炒锅将原料推送至炒锅的前端，顺势将炒锅前端略翘，同时手勺推翻原料。最后炒锅快速向后拉回，使原料做一次翻转。

技术要领。炒锅向前送的同时，利用手勺的背部由后向前助推，将原料送至炒锅的前端。原料翻落时，手勺迅速后撤或抬起，防止原料落在手勺上。在整个翻锅过程中左右手配合应协调一致。

适用范围。助翻锅主要用于原料数量较多、不易翻转或为使芡汁均匀地挂住原料的情况下。单柄锅、双耳锅均可使用助翻锅方法。

二、大翻锅

大翻锅是指将炒锅内的原料，一次性做180°翻转的一种翻锅方法，因翻锅的动作幅度及原料在锅中的翻转幅度较大，故称之为大翻锅（图1-15）。

大翻锅的技术难度较大，要求也比较高，不仅要使原料整个地翻转过来，而且翻转过来的原料要保持整齐、美观、不变形。大翻锅的手法较多，大致可分为前翻、后翻、左翻、右翻等几种，主要是按翻锅的动作方向区分的，基本操作大致相同，目的一样。下面以大翻锅的前翻为例，介绍大翻锅的操作技法。

操作方法。左手握炒锅，先晃锅，调整好炒锅中原料的位置，略向后拉，随即向前送出，接着顺势上扬炒锅，将炒

图1-15 大翻锅

锅内的原料抛向炒锅的上空，在上扬的同时，将炒锅向里勾拉，使离锅的原料，呈弧形做180°翻转，原料下落时炒锅向上托起，顺势接住原料一同落下。

技术要领。第一，晃锅时要适当调整原料的位置，若是整条鱼，应鱼尾向前，鱼头向后。若开头为条形的，要顺条翻，不可横条翻，否则易使原料散乱。

第二，"拉、送、扬、拉、托、翻、接"的动作要连贯协调、一气呵成。炒锅向后拉时，

要带动原料向后移动，随即向前送出，加大原料在锅中运行的距离，然后顺势上扬，利用腕力使炒锅略向里勾拉，使原料完全翻转。接原料时，手腕有一个向上托的动作，并与原料一起顺势下落，以缓冲原料与炒锅的碰撞，防止原料松散及汤汁四溅。

第三，除翻的动作要求敏捷、准确、协调、衔接外，还要求做到炒锅光滑不涩。晃锅时可淋少量油，以增加润滑度。

适用范围。大翻锅主要用于扒、煎、贴等烹调方法的制作。单柄锅、双耳锅均可使用大翻锅方法。

三、晃锅

晃锅是指将原料在炒锅内旋转的一种勺工技艺（图1-16）。晃锅可以防止粘锅，可以使原料在炒锅内受热均匀，成熟一致。对一些烧菜、扒菜，勾芡时往往都是边晃锅边淋芡，使勾出的芡均匀，不会局部太稠或太稀。此外，晃锅可以调整原料在炒锅内的位置，以保证翻锅或出菜装盘的顺利进行。

图1-16　勾芡时晃锅

操作方法。左手端起炒锅（或炒锅不离灶口），通过手腕的转动，带动炒锅做顺时针或逆时针转动，使原料在炒锅内旋转。待锅中的原料转动起来后再做小幅度晃动，以保证锅中的原料能继续旋转。

技术要领。晃动炒锅时，主要是通过手腕的转动及小臂的摆动，加大炒锅内原料旋转的幅度，力量的大小要适中。力量过大，原料易转到炒锅外；力量不足，原料旋转不充分。晃锅时锅中原料数量必须有一定的限制。如果原料过多，则在锅内翻动的范围小，也就是说原料在锅中的运动距离缩短，这样原料就难以达到抛的速度，从而使锅中的菜肴难以翻转，因此晃锅时锅内的原料不宜过多。

适用范围。晃锅应用较广泛，在用煎、贴、烧、扒等烹调方法制作菜肴时，以及在翻锅之前都可运用。此种方法单柄锅、双耳锅均可使用。

四、转锅

转锅是指转动炒锅的一种勺工技术（图1-17）。转锅与晃锅不同，晃锅是炒锅与原料一起转动，而转锅是炒锅转动、原料不转动。通过转锅，可防止原料粘锅。

操作方法。左手握住锅柄，炒锅不离灶口，快速将炒锅向左或向右转动。

技术要领。手腕向左或向右转动时速度要快，否则炒锅会与原料一起转，起不到转锅的作用。

图1-17　烧鱼时转锅

适用范围。这种方法主要用于烧、扒等烹调方法的制作，单柄锅、双耳锅均可使用。

 行家点拨

1.烹调工作在高温的条件下进行，是一项较为繁重的体力劳动，平时应注意锻炼身体，要有健康的体魄，有耐久的臂力与腕力。

2.操作时，要保持灵活的站姿，熟练掌握各种翻锅的技能、技巧和使用手勺的方法。

3.操作时精神要高度集中，脑、眼、手合一，两手协调紧密而有规律地配合。

4.根据烹调方法和火力的大小，掌握翻锅的时机和力量。

相关链接

翻锅的力学原理

翻锅操作关系到物体的运动，分析原料在锅内运动的力学原理，可以使我们更好地理解、掌握勺工的技术要领。

翻锅中的各种力主要包括动力、摩擦力和向心力。此外，重力也在其中发挥了作用。

在锅中原料的运动过程中，如果某个方向的力突然加大，原料会朝着这个方向发生移动，当这个力大到一定程度时，原料会顺着运动的方向，沿锅壁的抛物线角度抛（扬）起而脱离锅的摩擦力的作用。如果这时手和锅停止运动，动力消失，原料会撒落到锅外面；如果这时手和锅按照原料被抛起的轨迹去迎接原料，它就又会落入锅中。这就是在操作中常见到的原料撒落与不撒落在锅外的原因。

如果在原料落回锅中时，手和锅迅速迎接，这时，上迎的力与原料回落时的重力相作用，产生反弹力，会使原料溅洒出锅外。

如果原料在即将被抛出锅沿、沿锅壁的抛物线角度作惯性运动时，及时撤回送出去的力，同时自其相反方向施加一个拉回来的力，则原料在向心力和拉回来的力的合力作用下，会迅即回落到锅中，回落的原料会底面向上。这就是在翻锅操作中见到的原料翻了身折回锅中的原因。

以上就是翻锅中推、拉、送、扬、晃、举、颠、翻时各种力相互作用的情形。翻锅中的"倒"是原料的重力与锅的摩擦力相互作用时，重力克服了摩擦阻力而产生运动的结果。

技能拓展

在翻锅技术中还有一种"后翻锅"技巧，比较难掌握。后翻锅又称倒翻锅，是指将原料由锅柄方向向炒锅的前端翻转的一种翻锅方法，一般适用于单柄锅，主要用于烹制汤汁较多的菜肴，旨在防止汤汁溅到握炒锅的手上。请逐步熟悉其动作要领，并尝试训练。

基本动作流程。左手握住锅柄，先迅速后拉，使炒锅中原料移至炒锅后端，同时向上拖起。当拖至大臂与小臂成90°时，顺势快速前送，使原料翻转。

 小贴士

向后拉的动作和向上托的动作要同时进行，动作要迅速，使炒锅向上呈弧形运动。当原料运行至炒锅后端边沿时，快速前送，"拉、托、送"三个动作要连贯协调，不可脱节。

任务三　翻锅训练

主题知识

　　要熟练掌握勺工勺法，必须通过长时间临灶训练来实现。在训练过程中，要学会运用相应的力量及不同方向的推、拉、送、扬、托、翻、晃、转等动作，掌握各种翻锅技能，从而走好学习烹饪炉台的第一步。

烹饪工作室

一、小翻锅训练

训练原料

砂子 1500 克。

操作过程

将沙子放入炒锅，然后按小翻锅技术要领进行操作。

操作要求

第一，晃、翻要领掌握得当。

第二，不撒、不溅，动作连贯，完整自如。

第三，时间 2 分钟（连续不间断）（图 1-18）。

（1）　　　　　　　　　　（2）

（3）　　　　　　　　　　（4）

图 1-18　小翻锅训练

二、大翻锅训练

训练原料

菜梗条。

操作过程

锅向身边一拉，紧接着向前一送，就势向上一扬，将锅内原料全部离勺抛在空中，在空中翻个面后，再用锅将原料接住。动作要领是将拉、送、扬、托有机结合。

操作要求

1. 拉、送、扬、拉、托、翻、接的动作要连贯协调、一气呵成。

2. 动作连贯，完整自如。

3. 时间5分钟（连续不间断）（图1-19）。

（1）　　　　　　　　　　（2）

图1-19　大翻锅训练

 行家点拨

1. 小翻锅训练时要注意手臂用力向前推出，待原料滑动到前锅沿时，迅速向后一挑一拉，原料即回落锅中，形成"前→上→后→下→前"的一个运动循环。原料离锅壁上下颠动，从前不断向后翻转为小翻锅。

2. 训练时要注意手勺与炒锅的多种配合形式。

（1）前翻锅时，在原料落入锅中的瞬间，利用手勺背部由后向前推料，如此反复，达到均匀、不粘锅、不糊锅的目的，适于拔丝、炒等技法。

（2）原料下锅后，用手勺翻转数次炒散，然后再翻锅炒制，适于炒、爆、熘等技法。

（3）勾入芡汁后及时用手勺推转原料，使芡汁均匀，同时翻锅，使料不粘锅。

（4）炒锅晃动时与手勺配合，沿一定方向顺锅沿推拨原料，以增强旋转力度和调整力度的平衡，既不使原料粘锅，又不至于将原料弄破碎。

相关链接

小翻锅与大翻锅的烹饪功能

用爆法制作的宫保鸡丁一类的菜肴，是着芡调味同时进行的，制作时必须用小翻锅的技法来完成，使菜肴达到入味均匀、紧汁抱芡、明油亮芡、色泽金红的效果。又如清炒肉丝，原料入锅后，用小翻锅的技法不停地翻动原料并随之加入调味品，使肉丝受热、入味均匀一致，成品达到鲜、软、嫩的质量要求。再如红烧排骨，在主料加热成熟过程中，用小翻锅的技法有规律地进行翻动，勾芡时也要边用小翻锅的技法淋入水淀粉，翻动主料，使汤汁变稠且分布均匀，达到明油亮芡的最佳效果。

大翻锅适用于整形原料和造型美观的菜肴，例如"扒"法中的蟹黄扒冬瓜，将冬瓜条熟处理后，码于盘中，再轻轻推入已调好的汤汁中用小火扒入味，勾芡后采用大翻锅的技法，使菜肴稳稳地落在锅中，其形状不散不乱与码盘时的造型完全相同。类似于这样的菜肴的制作非大翻锅莫属。又如红烧鲫鱼，主料烧入味并勾芡后同样采用大翻锅的技法，将鱼体表面色泽、刀工、汁芡最完美的部位展示给宾客。

拓展训练

1. 练习各种翻锅动作并填写实习报告单。
2. 分析体会翻锅操作的作用、原理。
3. 通过对单柄锅和双耳锅的操作训练，试析它们的联系和不同之处。

项目评价

翻砂训练评分表

分数	指标				
	姿势正确	动作规范	双手配合恰当	动作协调连贯	翻锅无抛撒
标准分	10分	30分	30分	20分	10分
扣分					
实得分					

注：操作时间为3分钟，考评满分为100分，59分及以下为不及格，60～74分为及格，75～84分为良好，85分及以上为优秀。

学习感想

项目二
火候测控

项目介绍

　　火候，是菜肴烹调过程中所用的火力大小和时间长短与原料成熟度的关系。烹调时，一方面要从燃烧度鉴别火力的大小，另一方面要根据原料性质掌握其成熟所需时间的长短，两者统一，才能使菜肴烹调达到标准。火候知识包括火力与火候要素、烹调时的热源和传热方式及原料在烹调中的变化等内容，是炉台实训技艺的重要组成部分。

学习目标

1. 理解火候的概念，能识别火力的大小。
2. 熟悉不同的传热介质、传热方式对烹饪原料的影响。
3. 熟悉菜品烹制时的火候运用与作用原理。

 项目实施

任务一　火候识别

主题知识

烹制菜肴过程中对火候掌握得恰当与否，对菜肴的色、香、味、质、形都有决定性影响。掌握火候技巧，对烹制菜肴的作用主要体现在以下几方面。

第一，准确把握菜肴的火力大小与时间长短，使原料的成熟恰到好处。

第二，恰当使用火候，可减少菜肴营养成分的损失。

第三，具有杀菌消毒的作用。

中式炉台烹调一般使用明火，现代炉灶设备和炉灶结构设计已经逐步远离煤和柴油等燃料，取而代之的是天然气等。当然，电磁灶、微波炉等也成为现代炉灶设备发展的新趋势。

火力大小很难具体划分，一般情况下，根据温度高低来分类比较科学合理。目前餐饮厨房中，火力大致有如下分类。

旺火。也称大火或武火、猛火、急火等，是火力最强的一种火，这种火力适用于炸、爆、烹、炒等烹调技法。

中火。也称文武火，是介于小火与旺火之间的一种火，这种火力适用于烧、煮、烩、扒、煎等烹调方法，是烹调中应用较多的一种火力。

小火。也称慢火或文火，这种火适用于烧、炖、焖等烹调方法。

微火。也称弱火，是火力最小的一种火，适用于加热时间长的烹调方法，如炖、焖等。

以上火力的识别，需依靠平时的经验积累和灵活掌握，要真正做到准确、全面掌握火候，还需了解更多的不同加热设备的性能和功能要求。

烹饪工作室

典型菜例　跑蛋

跑蛋是江南最常见的一道菜肴，因成菜迅速，需跑步快速上席而得名。其中，勺工和火候在此菜制作中起着极其重要的作用，加热成菜一般在1分钟内完成。

工艺流程

蛋液调制→旺火加热→高油温烹制→急速装盘。

主配料

鸡蛋300克，葱丝5克（可以加肉丝、虾仁等）。

调料

精盐3克，味精2克，湿淀粉15克，绍酒5克，色拉油200克（约耗50克）。

制作步骤

跑蛋的制作见图2-1。

第一步，蛋液调制。将鸡蛋加精盐、绍酒、味精、湿淀粉等调制，用力朝一个方向搅打成蛋液备用。

第二步，旺火加热。锅内加油，旺火加热至七八成热（210℃～240℃）。

第三步，高油温烹制。用手勺先舀起半勺热油，将鸡蛋液冲倒进锅内，同时将热油倒在鸡蛋中间。转动锅勺，沥干油后，大翻锅，烹入少量料酒，即可起锅装盘。撒上葱丝即可。

（1）　　　　　　　　　　（2）　　　　　　　　　　（3）

（4）　　　　　　　　　　（5）　　　　　　　　　　（6）

（7）　　　　　　　　　　（8）

图2-1　跑蛋的制作

 行家点拨

火候运用与烹调技法密切相关。但根据菜肴的要求，每种烹调技法在火候运用上也不是一成不变的。只有综合烹调中的各种因素，才能正确地运用火候。

1. 小火适用于烧、炖、焖的菜肴。如清炖牛肉就是以小火烧煮的。在烹制前先把牛肉切成方形块，用旺火沸水焯一下，清除血沫和杂质。由于这时牛肉的纤维处于收缩阶段，要先移到中火，加入辅料，烧煮片刻，再移到小火上。通过小火烧煮，使牛肉纤维逐渐伸展。当牛肉快熟时，再放入调料炖煮至熟。这样做出来的清炖牛肉，色、香、味、形俱佳。如果用旺火烧煮，牛肉就会出现外形不整齐的现象。

2. 中火适用于炸制菜的初炸阶段。凡是外面挂糊的原料，在下油锅初炸时，使用中油温下锅，中火逐渐加热的方法，效果较好。初炸时，如果用旺火、高油温，原料会立即变焦，出现外焦里生的现象。如果用小火，原料下锅后会出现脱糊现象。

3. 旺火适用于爆、炒、涮的菜肴。一般用旺火烹调的菜肴，主料多以脆、嫩的原料为主。例如，水爆肚在焯水时，必须沸水入锅，这样涮出来的肚才会脆嫩。其原因在于旺火烹调能使主料迅速受高温，纤维急剧收缩，从而使肉内的水分不易浸出，吃时口感脆嫩。

利用不同火候制作的菜肴见图 2-2～图 2-5。

图 2-2　火蹿老鸭煲

图 2-3　神仙炖水鱼

图 2-4　中火炸羊尾

图 2-5　小火炸麻球

相关链接

　　党的"二十大"报告提出，要广泛形成绿色生产生活方式，碳排放达峰后稳中有降，生态环境根本好转，美丽中国目标基本实现。烹饪炉灶的电气化有助于实现这一目标。在现代厨房中，以电能转化成热能的炉灶（图 2-6～图 2-9）大量普及。不论远红外线烤箱、电磁炉，还是微波炉等，都是以电能为热源将烹饪原料加工成熟的，整个过程不见明火。虽不能直接观察到明火，但火力大小的鉴别可通过自动控制系统来完成。通过调节炉灶的通电时间，利用电磁原理甚至使用计算机，都可精确地为被加工烹制的原料提供所需要的热能，使之达到成菜标准。其准确程度超过人的感官鉴定，是现代高科技在厨具上的具体体现，是传统厨具改革发展的方向。

图2-6　电磁炒灶　　　图2-7　微波炉　　　图2-8　烤箱　　　图2-9　电炸灶

 拓展训练

1.如果有人说,烹饪过程中食物原料进行了一系列的化学变化,你觉得这句话正确吗?为什么?

2.每一种食物原料都有自己的熟化温度,这是为什么?

3.从热学原理讲,明火亮灶和无火烹饪有没有区别?为什么?

4.使用现代温标测量烹调过程中的温度数值,可否废弃"火候"的概念?为什么?

任务二　传热介质与方式

主题知识

在两个物体之间,热量可以自动地从高温物体传向低温物体,高温物体与低温物体间的热传递,除直接接触外,一般还需要传热介质。

热传递主要有三种方式:传导、对流和辐射,前两种都要传热介质,而后者是直接将热量从热源向四周发散出去。远红外线(烤箱)和微波都是根据电磁波的波长不同而对物体进行直接或间接制热。

传热介质又称传热媒介,它们是在烹制过程中将热量传递给原料的物质,在烹调过程中,常使用的传热介质有水、油、蒸汽、盐、泥、微波、电磁波等(图2-10～图2-13)。

图2-10　挂炉烤鸭　　图2-11　竹筒饭　　图2-12　盐焗虾　　图2-13　叫花鸡
　　　（烤）　　　　　　（炭烤）　　　　　（盐焗）　　　　　（泥烤）

烹饪工作室

一、以水为传热介质的火候运用

水是烹调中最常用的介质，加热至水温达到一定的程度时，以对流的方式将热传给食物，就会改变原料的组织使其成熟。其作用为：①能溶解原料内部的物质；②增强渗透能力；③使原料入味熟烂。

在烹调中用于传热的水包括原料本身含的水和烹调中所加的水。水传热的特点是水的沸点为100℃，火力再大也不会超过这个温度，在火候的掌握上比油传热简单得多。

典型菜　东坡肉

主配料

猪五花肋条肉1500克。

调料

绍酒250克，酱油150克，白糖100克，姜块50克，葱50克。

制作步骤

东坡肉的制作见图2-14，东坡肉的成品见图2-15。

第一步，选用皮薄、肉厚的猪五花肋条肉，刮尽皮上余毛，用温水洗净，放入沸水锅内焯五分钟，去除血水，再洗净，切成20块方块。

（1）　　　　　　（2）　　　　　　（3）　　　　　　（4）

（5）　　　　　　　　（6）　　　　　　　　（7）

图2-14　东坡肉的制作

第二步，取大砂锅一只，用小蒸架垫底，先铺上葱、姜块，然后将猪肉整齐地排在上面，加白糖、酱油、绍酒，再加葱姜，盖上锅盖，用旺火烧开后密封。改用微火焖两小时左右，至肉八成酥时，启盖，将肉块翻身，再加盖密封，继续用微火焖酥。然后将砂锅端离火口，撇去浮油，皮朝上装入两只特制的小陶罐中，加盖，用桃花纸封罐盖四周，上笼用旺火蒸半小时左右，

图2-15　东坡肉的成品

至肉酥嫩。食用前将罐放入蒸笼，用旺火蒸 10 分钟即可上席。

此菜用名酒焖制，薄皮嫩肉，色泽红亮，味醇汁浓，酥烂而形不碎，香糯而不腻口，是杭州传统名菜。

 行家点拨

以水作为传热介质的加热操作方法有：

1.冷水逐渐升温传热。如吊汤、一些腥膻原料的血水、处理不易成熟的土豆等，可用冷水逐渐加热。这种方法在火候掌握上比较简单，不要加热过度即可。

2.沸水和汤汁传热。如一些小型的原料片、块、丁的处理，涮、氽、爆等烹调方法都是运用此种传热方式。在火候上，应始终使用旺火保持汤水沸腾以使制品脆嫩，但原料在水中停留时间不要过长，否则就会失去风味。

3.先旺火，后小火，再转入中火。此法用火时间不能太长，以 15 ～ 20 分钟为宜，最多不能超过 30 分钟，适宜烹制如烧鱼、小鸡炖蘑菇等。

4.旺火烧开转小火或微火。用这种火力的大都为需要长时间加热的原料，短的要 1 小时，长的则要用 3 ～ 4 小时才能使菜肴达到酥烂的效果。其特点是用较长的时间、较低的温度完成菜肴的制作。

相关链接

以水为传热介质制作的菜肴

汤爆猪肚。汤爆猪肚主要依靠沸汤和汤水一次传热使主料成熟，成熟时间是以秒来计算的，这个菜最能考查一个厨师掌握火候的技术水平。当水沸腾时，爆肚的时间为 10 秒左右，时间越短、温度越高，越能保持原料脆嫩的质地，掌握火候的难度也就越大。水温低会造成外熟内生的现象，并导致口感不脆，血水外溢，汤汁变浑，质地变老等问题。

白斩鸡。白斩鸡是一款地道的火候菜，虽然不需要旺火加热、快速的操作，但在火候的掌握上不亚于汤爆菜。其做法要求将鸡浸入水中时，水只能是沸而不腾，从而使蛋白质在短时间内变性凝固，使鸡肉内的营养得以有效地保存。应注意将鸡在汤水中反复浸烫，翻身提起时，鸡腹内的水分一定要控净，这样鸡体内外才能受热均匀，直至将鸡肉浸烫成熟而不是煮制成熟。这是制作该菜肴火候的关键。

白切肉。白切肉在火候的掌握上应是水量多，水开后转小火。在煮肉的过程中肥肉易熟，而瘦肉却不易熟。瘦肉中的蛋白质是热的不良导体，在加热过程中蛋白质变性对热的传递会有一定的阻碍作用，尤其是大块肉，火力旺反而不易煮熟，用中小火加热则会使外部蛋白质的变性放慢，不至于对热的传递形成障碍。

奶汤。奶汤在制作时要先用旺火使汤沸腾，并通过中长时间中火加热，保持汤水沸腾以促进脂肪乳化，通过强化热对流使汤汁翻滚形成乳浊液，以达到汤汁鲜醇、色泽乳白的效果。一般制作奶汤的时间应掌握在 2 ～ 3 小时为好。

二、以油为传热介质的火候运用

用油加热也是靠对流作用传递热量的，只是油能达到的最高温度比水高得多。以油为传热介质，典型的操作方法是油炸，炸的用油量大，需从油受热后在锅中的状态与变化来判断油温的高低。

用"拔丝"烹调方法制作的菜肴也使用了油炸的初步熟处理过程，要根据拔丝菜的原料掌握好油温。不挂糊的干果类原料，只需用三四成热的油温浸炸；而根茎类原料，则以五成热的油温为宜。对于挂糊的原料，一般都会分两次油炸，第一次应以五六成热油温将原料炸至九成熟，第二次炸制的油温则为七八成热。炸制时，挂糊的原料应分散下锅，以防原料粘到一块，待原料表面结壳发硬时再翻动，以免脱糊。炸制时还需密切注意火候，待原料的色泽和成熟度达到要求时，应迅速捞出，以免炸焦。

"拔丝菜"制作的关键是掌握好炒糖与熬糖的火候，在炒糖时火力不能太大，应通过中火、小火、微火等转换来完成，当糖由米黄色变成金黄色时应马上离火。

炒糖浆所用的传热介质不同，方法也各异，一般有水炒法、油炒法、水油炒法和干炒法，图 2-16 所示的是目前行业中拔丝的新方法、新工艺。

（1）　　　　　　（2）　　　　　　（3）

（4）

图 2-16　新式拔丝技法

行家点拨

油能传递很高的热量，并且在传递热量时具有排水性（高温将原料中的水分加热成为蒸汽而逃逸）。因此，油在充当导热体时，能快速使原料成熟、脱水变脆，并使其带有特殊的油香和清香味。油在传热过程中的排水性，既能使原料本味更加浓郁，又可使某些易溶于水或蒸汽的原料保持其外形。以油为介质加热，不能使原料酥烂，但对已经酥烂的原料，可使其达到特有的酥脆质感。

相关链接

油温识别的技巧

对于以油为导热体的各种烹调方法来说，正确识别与掌握油温是其共同的关键。油温是食用油脂经加热从常温到燃点的一个无级系列。依据实践经验，用于烹调的是其中的三个阶段：三四成热（低温油）、五六成热（中油温）和七八成热（高油温）。

这里所说的"成"，是相对于油脂的燃点而言的，一成热相当于达到燃点温度的1/10。不同的油脂燃点各不相同，我们习惯上取一个临近的整数，将300℃设定为十成油温。不论哪一种供烹调用的油脂，对于以上三个阶段的油温，都可以用温度计分别测得与之相对应的大致温度。但在实际操作过程中，很难边烹制、边用仪表测温，而只能凭实践经验加以识别。

低油温：俗称三四成油温，一般用于松炸、滑炒、滑溜菜等。

中油温：俗称五六成油温，一般用于干炸、软炸、脆炸等。

高油温：俗称七八成油温，一般用于酥炸，以及原料复炸等。

油温识别表：

温区	范围	温度	油的表现情况
低油温	三四成油温	90℃～120℃	油表面稳定、无烟、无响声。原料周围出现少量气泡。
中油温	五六成油温	150℃～180℃	油从锅的四周向中间翻动，微生油烟。原料周围出现大量气泡，无爆炸声。
高油温	七八成油温	210℃～240℃	油表面从中间往上翻动，较平静，并有青烟，用手勺搅动时有响声。原料周围出现大量气泡，并带有轻微的爆炸声。

三、以蒸汽为传热介质的火候运用

蒸汽传热是利用水蒸气的对流使原料成熟。1个标准大气压下蒸汽的温度为100℃，在增压的情况下蒸汽会达到过饱和状态，过饱和蒸汽的温度会随压而升，2个标准大气压的水蒸气温度可达120℃，蒸汽传热，具有温度较高、穿透力强的特点。利用蒸汽加热能保持原料的形态，原料成熟较快，营养成分不易流失的优点。为了提高温度，蒸汽传热必须在封闭的情况下才能进行。

利用蒸汽传热要注意如下两点：一是体积大、质地坚硬的原料，如整鸡、整鸭、蹄髈等，必须用旺火猛汽蒸，要产生大蒸汽必须水多、火旺、笼盖紧密；二是小型和质地较嫩的原料及一些有造型的花色菜，宜用中小火，蒸汽温度不宜过高，宜适当降低笼屉内的温度，有些菜还要中途排放蒸汽以保证菜肴形态完整、质地鲜嫩。

以蒸汽为传热介质的菜肴

蒸蛋糕、蒸芙蓉。蒸蛋糕、蒸芙蓉必须用小火来蒸制，笼屉内的温度应掌握在90℃～95℃，温度低于80℃则菜肴不易熟，高于95℃蛋糕会出现蜂窝，收缩出水。

清蒸鸡。用中小火来蒸制，笼屉内的温度应掌握在100℃左右，需蒸1.5～2小时（图2-17）。

蒸鱼。蒸鱼的时间不能过长，当制品的内部温度达到50℃时，为质感的第一变化期，表现为含水量减少，鱼体收缩，硬度增加，当内部的温度达到60℃时，鱼的体重急剧减轻，鱼体变硬。蒸鱼以10～20分钟为最佳火候。随着加热时间的延长，会使菜肴质地变老，质量下降（图2-18）。

由于蒸汽的温度高且有很强的穿透力，所制菜肴的特色是软糯酥烂。

图2-17　清蒸鸡

图2-18　蒸鱼

任务三　加热对烹饪原料的影响

主题知识

加热是使各种动、植物原料由生变熟的一种重要手段，根据不同热源，控制不同的火候，采用不同的传热方式，可以把各种烹饪原料制作成营养丰富，色、香、味、形俱佳的菜肴。了解烹饪原料在受热过程中发生的物理变化和化学变化，对恰当地掌握火候，达到预期的烹制目的很有帮助。

原料在加热过程中的变化通常与原料的性质和烹调方法密切相关，一般来说，加热可能使原料产生多种变化。

一、分散作用

很多原料在加热前，组织结实，加热后则组织结构被损坏，原料细胞内容物外溢，组织松弛，结构分散，易于咀嚼。生的植物原料，细胞充满水分，细胞之间有丰富的果胶物质，加热后，细胞间果胶溶解，细胞彼此分离。同时，因为质膜受热变性，增加了细胞壁的通透性，细胞中的水分和无机盐大量外流，使整个组织变软。一些根茎类蔬菜，如土豆、山药等含淀粉多，淀粉虽不溶于冷水，但在热水中却会不断膨胀糊化，使组织失去原有的硬性（图

2–19）。禽畜类原料的结缔组织，胶原纤维常成束集合，或组成网状，因而具有硬性和韧性。在沸水中，经长时间加热，胶原蛋白会溶解成胶体，从而失去原有的束集合或网状结构，使组织柔软酥烂。

二、水解作用

原料在水中加热时，许多物质会发生水解，使那些不易消化吸收的大分子物质降解为小分子物质。用鸡、鱼等熬汤时，部分蛋白质会逐渐分解，生成蛋白胨、苏氨酸、肽等中间物质，这些多肽类物质进一步水解，最终成为各种氨基酸。禽畜肉及鱼肉，尤其是贝类原料被加热时，会生成大量的琥珀酸。植物蛋白受热水水解产生谷氨酸。油脂在烹饪中，也会发生水解作用，生成甘油和易被人体吸收的脂肪酸。

图 2–19　淀粉糊化

淀粉在热水中，会逐渐糊化分解为低聚糖等，并在淀粉酶的作用下，水解为极易被人体吸收的葡萄糖。

三、凝固作用

在烹饪中最常见的凝固现象是蛋白质的变性，即蛋白质的空间结构改变。例如，蛋清在加热时凝固、瘦肉在烹煮时收缩变硬、高温蒸鱼使鱼体表面蛋白质凝固等。相对来说，加热时间越长，温度越高，蛋白质凝固得越硬，且凝固速度也越快，因而在加热蛋清、禽畜肉和鱼等富含蛋白质的原料时，宜高温短时处理，以保证菜肴嫩滑、鲜美（图 2–20、图 2–21）。在电解质存在的情况下，蛋白质凝固迅速，因此要求汤汁浓白的菜肴，不能过早加入食盐（图 2–22）。否则，鱼、肉等原料中蛋白质凝固得太早，导致溶于汤中的物质减少，就会影响汤汁的口感。

图 2–20　生鸡丝

图 2–21　熟鸡丝

四、氧化作用

氧化是烹饪原料在加工中常出现的变化。动物肌肉中的肌红蛋白，在受热前呈血红色，当温度升至 $60℃ \sim 70℃$ 时呈灰白色，达到 $75℃$ 以上时，则变为淡褐色，这是肌红蛋白受热变性、血色素被氧化成变性肌红蛋白的原因。

多数维生素易被氧化分解，尤其在碱性条件下，当温度缓慢升高时，维生素极易损失。一般来讲，水溶性维生素较脂溶性维生素易损失，损失的大致顺序是：维生素 C>维生素 B_1>维生素 B_2>其他 B 族维生素。因此，在烹制蔬菜时，加热时间不宜太久，也不宜放碱。

香辛类原料如葱、蒜、芫荽、洋葱、姜等，在受热后产生具有挥发性的芳香类物质，使菜品具有特殊的香气，这些物质中的二硫化合物被进一步还原为具有甜味的硫醇化合物。

图 2-22　鱼头"奶汤"的形成

花生、芝麻、肉、鱼等受热氧化分解后，可生成各种具有特殊香味的挥发性物质，所以我们觉得花生、芝麻、肉、鱼熟后很香。

五、酯化作用

原料在加热过程中，时常会产生一些酸类物质，如脂肪酸、柠檬酸、苹果酸等。烹调时加入醋（含有醋酸）或放入绍酒，酸与醇类物质发生酯化反应，便生成具有芳香气味的酯类物质，这是我们能感受到菜肴香味的主要原因。由于原料加热时产生的酸类物质不同，因而酯化后的产物也不同，菜肴的香味也有所不同。

六、其他作用

动植物原料的物质转化在很多情况下是由生物催化剂——酶所促进或抑制的。酶的主要成分是蛋白质，它的催化活性常常受温度的影响。因此，采用不同温度加热原料，会使其产生不同的变化，烹调效果也就不一样。例如，蔬菜因存在大量的叶绿素而呈绿色，温度适宜时，叶绿素酶会把叶绿素氧化为褐色的脱镁叶绿素。当用小火慢慢加热时，叶绿素酶活性被促进，烹出的蔬菜呈黄褐色。若用沸水把绿菜叶进行烫漂处理，叶绿素酶因高温而失去活性，蔬菜就能保持其鲜绿色。此外，动物肌肉中的鲜味物质核苷酸会被磷酸酯酶所分解而导致鲜味减弱，当加热至 80℃左右时，该酶被破坏而失去活性，所以用急火快炒的肉片，吃起来尤其觉得嫩滑鲜美。糖类在高温下，将被部分碳化而呈黄色或焦黑色。鸡蛋煮熟后，蛋黄的表面呈现一层黑绿色，这是由于蛋白中含有一些硫离子，而蛋黄中含有一些铁离子，硫与铁化合，便产生暗绿色或褐色的硫化铁。生基围虾是青色，熟基围虾则变成红色，见图 2-23、图 2-24。

图 2-23　生基围虾是青色

图 2-24　熟基围虾变成红色

行家点拨

掌握好火候，要经过反复实践，认真地总结经验，具体要注意如下几点。

1. 要根据原料的性质确定火候。

2. 要根据原料的形态确定火候。

3. 要按菜肴的不同风味特色确定火候。

4. 要根据不同的烹调方法确定火候。

 拓展训练

一、思考与分析

1. 怎样从原料的外观判断原料的成熟度？

2. 怎样鉴别火力的种类？每种火力各运用在哪些方面？

3. 怎样理解火候与原料性质的关系？

4. 试说明保持菜肴风味特色与掌握好火候的关系。

5. 某同学在热菜操作实验课时，制作的炒腰花质老、色深，与成菜要求相去甚远。试问，出现这种现象在火候掌握方面的原因是什么？

6. 为创新性发展中华优秀传统文化，改进现代烹饪技术，请同学们思考：如何运用现代技术控制火候？

二、菜肴拓展训练

比较红烧肉和炒肉丝这两道菜肴在火候掌握上的异同。

 项目评价

油温测定评分表

温区	范围	油面情况	估计温度	测量温度	误差
低油温	三四成油温				
中油温	五六成油温				
高油温	七八成油温				

注：考评满分为100分，59分及以下为不及格；60～74分为及格；75～84分为良好；85分及以上为优秀。

填表说明：请学生观察中等油量油锅的油面情况，一边填入估计温度，一边用专用温度计进行测量，然后填入测定的油温，并计算误差值。油温判断误差在10℃以内为优秀，10℃～20℃以内为良好，20℃～30℃以内为及格，超过30℃为不及格。

学习感想

项目三
调味技巧

➕ 项目介绍

中国烹饪讲究"鼎中之变",中国菜肴历来以味为本。因此,了解味觉的特性,掌握调味的技巧,就成为烹调师必须具备的一项技艺。

调味,即调和滋味,就是在制作菜肴的过程中,运用各种调味品和调味手段影响原料,使之具有多种口味和特色风味的一项技艺。菜肴烹制过程中的调味方法是多种多样、千变万化的,但必须遵循烹调中调味的基本规律,即因料、因时、因菜、因人进行调味。根据菜肴烹制过程中调味品加入的时机,一般可把调味分为三个阶段,即加热前的调味、加热中的调味、加热后的调味。

本项目将以典型菜品为例,分析调味的有关知识以及调味的各个阶段的技术关键、手段技巧等。

➕ 学习目标

1. 了解味的分类和味觉的产生原理。
2. 熟悉调味的基本原则、各种调味方法及适用范围。
3. 学会并掌握不同阶段的调味方法及实际调味的技巧。
4. 熟悉行业中常用复合调味品的品种、特点。

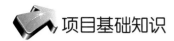 **项目基础知识**

一、味及味的分类

（一）味的概念

味是指物质所具有的、能使人得到某种味觉的特性，如咸味、甜味、酸味、苦味等。

（二）味的分类

味通常可分为两大类：单一味和复合味。

1. 单一味。

单一味也称基本味、单纯味，是最基本的滋味，是指只有一种味道的呈味物质调制出来的滋味。

从生理角度看，味觉有咸、甜、酸、苦、鲜五种。辣、麻、涩等是食物在口腔内引起的特殊感觉，香虽属气味，但习惯上也称味。所以从烹饪角度看，咸、甜、酸、苦、鲜、辣、麻、涩、香等味，就构成了菜肴最基本的滋味，也即单一味。

2. 复合味。

复合味是指由两种以上的单一味复合而成的具有综合味感的滋味。

复合味是指原料本味以外的调料味之间的复合，其种类远多于单一味，不同的调味品组合、组合时的不同配比，都会形成特有的复合口味。中国菜肴的滋味绝大多数以复合味形式出现，如咸鲜味、咸甜味、酸甜味等。

二、味觉与味觉的产生

（一）味觉及其产生原理

所谓味觉，就是呈味物质刺激味蕾上的味神经而引起的感觉。

味蕾是人体味觉感受器，主要分布在舌的表面，特别是舌尖和舌的侧缘、会咽和咽喉后壁等处也有一些分布。

当人们进食时，食物中的呈味物质溶于唾液或汁液中，便对味蕾产生刺激，经味神经传达到大脑中的味觉中枢，再经大脑综合分析后便形成味觉生理感受，这就是味觉产生的原理。

（二）味觉的分类

1. 心理味觉。

菜肴的色泽、形状、组织结构、就餐环境等因素对人的味觉心理产生的一种感受或感觉，称为心理味觉。

2. 物理味觉。

人们在咀嚼食物时所感知到的菜肴温度、质感、黏稠感、润滑度等因素引起的味觉，称为物理味觉。

3. 化学味觉。

味觉的产生是由舌头上的味蕾开始的，即当食物中的呈味物质刺激了舌头上的味蕾，通过生物传输，大脑便产生了味的感觉，这种由化学呈味物质通过味蕾所产生的味觉称为化学味觉。

在烹调技艺中，调味作为一项专门技艺，主要研究化学味觉。

三、调味的原则

调味在烹调技艺中占有重要地位，具有确定菜肴口味、除味解腻、增加食欲、美化菜肴色泽的作用。中国菜肴历来以味为本，菜肴烹制过程中的调味方法也是多种多样、千变万化的，但这些方法的运用必须遵循烹调中调味的基本规律，即因料、因时、因菜、因人进行调味，在实际操作过程中应遵循下列原则。

（一）按照菜肴风味及烹调方法的要求准确调味

各地的菜肴风味均不相同，在调制菜肴的口味时应根据菜肴风味的要求，做到准确调味。要力求投料规格化、标准化，做到同一类菜肴反复制作多次，其味能基本保持一致。

（二）根据烹饪原料的不同质地进行调味

在烹调中对不同性质的烹饪原料，要因材施用，做到合理调味。例如，对于新鲜的原料应突出原料的本味，而不宜以调料掩盖其本味；对于带有腥膻等异味的原料，应酌加调料以去除不良味道；对于无显著本味的烹饪原料，如经涨发后的鱿鱼、海参、鱼翅、燕窝等，调味时必须适当增加鲜味，以补其鲜味的不足。

（三）根据不同的季节因时调味

随着季节的变化，人们的口味也随之而改变。因此对菜肴进行调味时，也应因季节有所区别。春季人们宜多食酸，夏季宜多食苦，秋季宜多食辛，冬季宜多食咸。所以一般气温较高的夏、秋两季，以口味清淡为宜；而寒冷的春、冬季节，以味道浓厚为主。

（四）按照就餐者口味的要求进行调味

由于就餐者的风俗、饮食习惯、个人嗜好、性别、年龄、职业等差异，调味时应根据进餐者的口味要求，因人而异、合理调味，以满足他们的不同需求。

四、调味的方法

调味的方法是指在烹调加工中使烹饪原料入味（包括赋味）的方法。根据烹调加工中原料入味的不同方式，可将调味方法分为腌渍调味法，分散调味法，热渗调味法，裹浇、黏撒调味法，跟碟调味法等。

（一）腌渍调味法

腌渍调味法是指将调料与菜肴的主、配料调和均匀，或将菜肴的主、配料浸泡在溶有调料的溶液中，经过一段时间的腌渍使菜肴主、配料入味的调味方法。比如，油炸、爆炒类菜肴在原料加热前一般都要进行腌渍入味处理，从而使其入味或基本入味。

（二）分散调味法

分散调味法是指将调料溶解并分散于汤汁中的调味方法。如制作丸子类菜肴和调制肉馅时，一般都是采取这一调味方法，即让调料均匀地分散在原料中而进行调味。

（三）热渗调味法

热渗调味法是指在热力的作用下，使调料中的呈味物质渗入到菜肴的主、配料内的调味方法。烧、烩等烹调方法在制作菜肴的过程中，一般需要使用热渗的调味方法。如在烧制的加热过程中,加入适量的调味品,通过汤汁由表及里地渗透至烹饪原料的内部,从而使之入味,且表里如一、味道鲜美。

（四）裹浇、黏撒调味法

裹浇、黏撒调味法是指将液体（或固体）状态的调料黏附于烹饪原料表面，使之带有滋味的调味方法。裹浇的调味方法在调味的不同阶段都有应用，如熘制的烹调方法，采取在原料加热后将调好味的芡汁浇淋在原料之上进行调味；而黏撒的调味方法则是在原料加热前或原料加热后进行调味，如冷菜的拌渍就有采取这一方法的。

（五）跟碟调味法

跟碟调味法是指将调料装置在小碟或小碗中，随成品菜肴一起上席，供就餐者蘸食用的调味方法。这种方法在冷菜、热菜中均有应用，如炸制类菜肴因在加热前没有调味，或腌渍调味不足，或菜肴的特殊风味要求，或就餐者的口味需求等，需要采用不同调味碟进行补充调味。

五、调味的过程

根据菜肴烹制过程中调味品加入的时机，一般可把调味分为三个阶段，即加热前的调味、加热中的调味、加热后的调味。

> **小贴士**
>
> 坚持可持续发展，实现中华民族永续发展，需要中国烹饪文化的传承、发展和创新。在我国，调味品的上游原材料主要由蔬菜、肉类、白糖、盐、五谷等各类农副产品组成；中游调味品企业将原材料通过各类工艺加工制造，通过包装业、供应商和食品添加剂供应商提供的食品包装和食品添加剂，最终制成酱油、食醋、耗油等不同品类的调味品；下游主要通过线上线下双渠道流通到以餐饮业、食品加工业为主的 B 端和以家庭消费为主的 C 端消费需求市场。
>
> 调味品的生产、销售和使用要坚持"人民至上、生命至上"的理念，切实把"人民生命安全和身体健康"放在第一位。

 项目实施

任务一　加热前调味

主题知识

　　不同的菜肴在调味的不同阶段的作用和方法都是不相同的。为了使烹饪原料在正式烹调前就具有基本的味道，并改善烹饪原料的气味、色泽、质地和持水性等，加热前调味显然是必不可少的。

　　加热前调味，又称基本调味，是指在原料正式加热前，用各种调味品通过腌渍对其进行调味。它主要利用调味品中呈味物质的渗透作用，使原料里外均有一个基本的味道，并适当改善或丰富烹饪原料的气味、色泽、质地和持水性等。

一、适用范围

　　加热前调味一般适用于炸、煎、炒、熘、爆等烹调方法制作的菜肴。

二、操作方法

　　由于制作菜肴的品种、要求的不同以及原料的质地、形状等的差异，在调味时应恰当投放调味品，并根据原料的质地、性质合理安排腌渍时间。

　　具体操作方法是将原料用调味品，如盐、酱油、绍酒、糖等调拌均匀，浸渍一下，或者再加上鸡蛋、淀粉上浆，使原料初步入味，然后再进行加热烹调。如鸡、鸭、鱼、肉类菜肴一般都要做加热前的调味。青笋、黄瓜等配料，也常先用盐腌出水，确定其基本味。一些不能在加热中启盖和调味的蒸、炖制菜肴，更是要在上笼入锅前调好味，如蒸鸡、蒸肉、蒸鱼、炖（隔水）鸭、罐焖肉、坛子肉等，它们的调味方法一般是将兑好的汤汁或搅拌好的佐料，同蒸制原料一起放入器皿中，以便于原料在加热过程中入味。

 烹饪工作室

典型菜例　清炸仔鸡

工艺流程

原料准备→刀工成形→腌渍调味→下锅炸制→成菜装盘。

主配料

生净仔鸡1只（约500克）。

调料

小葱15克，生姜15克，花椒3克，精盐4克，绍酒20克，味精2克，白糖3克，胡椒粉2克，色拉油1000克（约耗50克）。

制作步骤

清炸仔鸡的制作见图3-1。

第一步，仔鸡洗净，去头、脚，斩成大小均匀的块。葱切成段（或打小结）、姜切片。

第二步，鸡块放入容器内，加入小葱、生姜、花椒、精盐、绍酒、味精及少许白糖、胡椒粉等拌匀，腌渍入味（约15分钟）。

第三步，挑去葱、姜、花椒等，并沥干汁液。锅内放色拉油烧至五成热，下入鸡块炸至熟透呈金黄色，出锅控净油，装盘即成。随带小碟。

（1）　　　　　　　　（2）　　　　　　　　（3）

（4）　　　　　　　　（5）　　　　　　　　（6）

（7）

图3-1　清炸仔鸡的制作

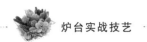

行家点拨

此菜肴色泽金黄、外脆里嫩、香浓味美。操作过程中应注意：

1.仔鸡切块要求大小均匀，否则炸制时成熟不均匀。

2.菜肴口味的好坏取决于腌渍调味，故要控制好调味品的量及腌渍时间。

3.炸制鸡块时，火力不宜过猛，要始终保持油温为五六成热。

相关链接

味觉器官敏感性分布

人的舌头表面分布的味蕾是味觉的感受器，舌头的不同部位对味觉的感受敏感性是不同的。一般来说，舌尖对甜味最为敏感，舌根对苦味最为敏感，舌两侧前部对咸味最为敏感，舌两侧后部对酸味较为敏感，而舌根中部对鲜味最为敏感。

另外，辣味、涩味、收敛感、黏稠感、粉末感、腐蚀感、烧灼感、油腻感等单纯依靠味蕾是比较难以感觉的，还需要借助触觉、嗅觉等共同完成。

精品赏析

金牌烤乳猪

炸、烤、蒸、微波等烹调方法在加热的过程中，是很难或根本不能进行调味的。也就是说，在加热烹调前，必须对原料进行认真细致的调味、腌渍，否则不仅口感风味特征不宜体现，而且外观色泽不宜达标。金牌烤乳猪是典型的采用加热前调味方式的菜肴（图3-2）。

图3-2　金牌烤乳猪

拓展训练

一、思考与分析

1.什么是味？味是如何分类的？

2.什么是味觉，它是如何产生的？味觉是怎么分类的？

3.试论述调味的原则有哪些。

4.作为一名专业厨师应怎样理解"看人下菜碟"（因人调味）。

二、菜肴拓展训练

按照下面的提示，动手制作一份清蒸鳜鱼。

工艺流程

原料准备→刀工成形→腌渍调味→蒸制成菜。

制作要点

1.鳜鱼宰杀洗净后剞上牡丹花刀。

2.鳜鱼放入盘中，铺上姜片、葱段，撒上精盐、味精、绍酒，入蒸笼旺火沸水急蒸7分钟，出笼挑去姜片、葱段，撒上葱丝即成（图3-3）。

图3-3　清蒸鳜鱼

任务二　加热中调味

主题知识

有些菜肴虽然在加热前做了调味处理，但尚未达到烹调的口味要求，必须在加热过程中再适时、适量地投入一些调味品，才能达到菜肴的口味要求。

加热中调味，又称定型调味，也叫正式调味，是指在加热过程中，根据原料的性质及菜肴的要求，按一定的时机、顺序，采用热渗透、热分散等调味方法，将调味品加入加热容器中，对原料进行调味。原料加热过程中的调味，主要是为了使各种原料（主料、配料、调味料等）的味道融合在一起，并且相互配合、协调一致，从而确定菜肴的味型，是最主要的、决定性的调味方法。

一、适用范围

原料加热中的调味一般适用于烧、扒、煮以及煸炒等烹调方法制作的菜肴。

二、操作要领

由于原料加热中的调味是定型调味，是基本调味的继续，对菜肴成品的味型起着决定性的作用，因此这一阶段的调味应注意调味的时机和顺序，把握好调味品的投放数量。

 烹饪工作室

典型菜例　回锅肉

工艺流程

原料准备→刀工成形→下锅煸炒→调味炒制→成菜装盘。

主配料

猪坐臀肉（带皮）150克，香干100克，青蒜苗50克，春笋25克，胡萝卜25克。

调料

豆瓣酱25克，甜面酱10克，绍酒10克，酱油5克，色拉油50克。

制作步骤

回锅肉的制作见图3-4。

第一步，将猪坐臀肉洗净，放入水锅中煮至肉熟皮软，捞出凉透后，切成5厘米长、3厘米宽、0.2厘米厚的片状；香干、春笋、胡

小贴士

1. 日常生活中常根据不同季节配以青蒜苗等，风味独特，营养价值也高。

2. 牛奶与瘦肉不适合同食。国外医学界研究认为，牛奶中的钙与瘦肉里的磷不能被同时吸收。

3. 食用猪肉后不宜大量饮茶，否则易造成便秘，影响健康。

萝卜切成相应的片形；青蒜苗切成段备用。

第二步，炒锅置旺火上，下猪油加热至六成热时，投入肉片炒至吐油。肉片呈灯盏窝状时，放入剁细的豆瓣酱炒上色，再加入甜面酱炒出香味，加入绍酒、酱油等炒匀，最后下入青蒜苗并炒至断生，即可出锅装盘。

（1）　　　　　　　　　（2）　　　　　　　　　（3）

（4）　　　　　　　　　（5）　　　　　　　　　（6）

（7）

图3-4　回锅肉（熟炒）的制作

🔍 行家点拨

此菜肴色泽红亮，肉片柔香，肥而不腻，味咸鲜，微辣回甜，有浓郁的酱香味。操作过程中应注意：

1. 主料以猪腿中的坐臀肉为最佳。

2. 坐臀肉用水煮熟后须冷却凉透后，方可切成刨花片。

3.肉片下锅煸炒时，火力要旺，油温略高，使肉片成灯盏窝状。

4.此菜应边炒边加豆瓣酱、甜面酱等调味，突出浓郁的酱香味。

相关链接

影响味觉的因素

一、温度

一般在10℃～40℃时是味觉感受的最适宜温度，其中以30℃左右时味觉感受最为敏感。不同的菜肴对温度的要求各不相同，热菜的最佳食用温度为60℃～65℃，而冷菜最好在10℃左右。因此，冷菜调味应比30℃左右的最适滋味略为加重一些。另外，一年四季温度的变化对人的味觉也有影响，季节的不同也会造成人们味觉感受的差异。一般来说，在炎热的夏季，人们多喜欢口味清淡的菜肴；在寒冷的冬季，人们则多喜欢口味浓厚的菜肴。

二、浓度

呈味物质的浓度越大，人们对味觉的感受就越强；反之味感越弱。当食盐含量在0.06%以下时，或者蔗糖含量在1.1%以下时，人们就会感觉不到咸味或甜味的存在。咸味最佳的感觉范围是食盐含量在0.8%～2.0%。不同类型的菜肴，对呈味物质最适浓度的要求略有不同，如食盐浓度在汤菜中一般以0.8%～1.2%为宜，在烧、焖等类菜肴中则一般以1.5%～2.0%为宜。

三、水溶性和溶解度

呈味物质只有溶于水成为溶液后，才能够刺激味蕾，产生味觉。溶解速度的快慢直接影响着味觉的形成，溶解速度越快产生味觉的速度也就越快，反之就越慢。

四、生理条件

生理条件主要有年龄、性别及其他特殊的生理状况等。一般年龄越小，味觉感受越灵敏。随着年龄的增长，味觉感受力会逐渐衰退。儿童对苦味最敏感，老年人则比较迟钝。在性别方面，一般女性分辨各种味的能力，除咸味以外，其余都强于男性。

味觉是个人的味神经冲动感受，受个人敏感差异的影响，因人而异。味觉还受味蕾健康状况的影响，人生病时口中无味，常常是因为味蕾处在病态；人饥饿时，对味的感觉极为敏感，故倍感所食菜品味美可口，而饱食后则对味的感受比较迟钝。

五、个人嗜好

不同的饮食习惯会形成不同的嗜好，从而造成人们味觉的差异。人们所处地域、气候、个人嗜好的不同，就会造成味觉感受的不同。

六、各种味觉之间的相互影响

味的对比现象。味的对比现象也称味的突出现象，指两种或两种以上的呈味物质，以适当的浓度调配在一起，使其中一种呈味物质的味觉更为协调适口的现象。"要保甜，加点盐"，所以在制作甜酸味型的菜肴时，在调味汁中适量加入精盐，可使甜味的味感增强，从而使菜肴口味达到酸甜适口的效果。

味的消杀现象。味的消杀现象也叫味的掩盖现象，指两种或两种以上的呈味物质，以适当的浓度混合后，使每一种味觉都有所减弱的现象。烹制水产、家畜内脏等腥膻异味重的原料时，所使用的调料的数量应适当加大，以去除或减少异味；过咸或过酸时，应适当加糖。

味的相乘现象。味的相乘现象也称味的相加现象，指两种相同味感的呈味物质共同使用时，其味感增强的现象。如在制作清汤时适量加入味精，可使汤汁的鲜味味感倍增。

味的变调现象。味的变调现象也称转化现象，指将多种味道不同的呈味物质混合使用，导致各种呈味物质的本味均发生转变的现象。如吃过苦的食物，立即喝白开水会觉得水有甜味；吃了甜的食物再吃酸的，会感到酸得厉害；刚吃过螃蟹再吃蒸鱼，就觉得鱼不太鲜了；食用味道较浓的菜品，再食用味道较清淡的菜品，则感觉菜品原料本身无味。

所以，在制定宴席菜单时，应考虑并合理安排上菜的顺序，以适应就餐者口味的需要。一般宴席上菜时对口味的要求是：先上味道清淡的菜肴，后上味道浓厚的菜肴；先上咸味的菜肴，后上甜味的菜肴。避免因味道的相互转换，而影响人们对菜肴的感觉。

精品赏析

鲍汁极品海参

海参等高档烹饪原料经涨发后本身无显著鲜味，在加热烹调的过程中，尤其要重视调味环节。调味时必须适当增加鲜味，以弥补其鲜味不足的缺点。鲍汁极品海参（图3-5）是典型的采用加热过程中调味方式的菜肴。

图3-5　鲍汁极品海参

拓展训练

一、思考与分析

1.试举一个典型菜肴说明加热中调味对调味品投放的要求。

2.试举例说明影响味觉的因素有哪些。

二、菜肴拓展训练

根据下面的提示，制作家常豆腐（红烧）。

工艺流程

原料准备→刀工成形→初步熟处理→下锅烧制→调味勾芡→成菜装盘。

制作要点

1.豆腐切厚片，肉切薄片，青椒切长方片，蒜苗切段，豆瓣酱剁细备用。

2.豆腐下油锅炸至金黄。

3.炒锅中底油加热，豆瓣酱煸出红油，分别放入肉片、青椒片煸炒，放入豆腐块、水发木耳、蒜苗等继续煸炒。

4.再加入黄酒、酱油、白糖、汤水50克烧至入味，收汁勾芡后，淋辣油即可装盘（图3-6）。

图3-6　家常豆腐

任务三　加热后调味

主题知识

有些菜肴虽然在加热前或在加热过程中作了调味处理，但仍达不到口味要求，这就需要在加热后再次调味。

加热后调味，又称补充调味、辅助调味，是指原料加热结束后，根据菜肴的需求，在菜肴出锅（起锅）后，采用裹浇、跟味碟等方法对其进行的补充调味。所以，为了补充前两个阶段调味的不足，使菜肴成品的滋味更加完美，往往在原料加热后或菜肴出锅后进行补充或辅助性调味。如干炸丸子、香炸大排等，均需在成菜后撒上花椒盐或蘸花椒盐食之。

加热后调味一般适用于炸、熘、烤、涮等烹调方法制作的菜肴。此外，各种炝、拌的凉菜，也需在加热后用精盐、味精等调味品调味。比如，炸菜往往撒以椒盐或辣酱油等；涮品（涮羊肉等）还要蘸上很多的调味小料；有的蒸菜要在上桌前另浇调汁；烤鸭需蘸上甜面酱；炝、拌的凉菜，也需浇以兑好的三合油、姜醋汁、芥末糊等。

因此，加热后的调味对增加菜肴的特定风味必不可少，调味时应根据菜肴成品的要求，采用不同的调料做必要的补充调味。

烹饪工作室

典型菜例　炸土豆松

工艺流程

原料准备→刀工成形→漂净吸干→下锅炸制→调味成菜→成品装盘。

主配料

土豆 300 克。

调料

精盐 1 克，胡椒粉 2 克，味精少许，植物油 500 克（约耗 30 克）。

制作步骤

炸土豆松的制作见图 3-7。

第一步，土豆洗净去皮，切成 0.1 厘米粗细的细丝，用清水漂净，沥干水待用。

第二步，将油倒入炒锅中，待油温升至

小贴士

土豆，又名马铃薯，既可作蔬菜，也可作粮食，它与水稻、小麦、玉米、高粱一起被称为全球五大农作物。在法国，土豆被称作"地下苹果"。

土豆含有丰富的维生素 A 和维生素 C 以及矿物质，优质淀粉含量约为 16.5%，还含有大量的木质素等，有"第二面包"之称。

五成热时，撒下土豆丝，用手勺不断翻淋，待土豆丝成松脆金黄色时倒入漏勺沥油。

第三步，炸成的土豆丝加入味精、精盐、胡椒粉等，轻轻翻动，装盘即成。

（1）　　　　　　　（2）　　　　　　　（3）　　　　　　　（4）

（5）　　　　　　　　　　　　（6）

图3-7　炸土豆松的制作

 行家点拨

此菜肴色泽金黄，口味咸鲜，口感松脆，略带香辣。操作过程中应注意：

1.讲究刀工精细，土豆丝粗细、长短均匀。

2.土豆丝要用清水漂净并且沥干。

3.要控制油温，土豆丝入锅后要淋散。

相关链接

常见菜肴味型与自制复合调料

一、常见菜肴味型的特点及应用

咸鲜味型。味型特点是咸、鲜、香，如拌三丝、鲜蘑菜心、滑熘肉片等。

鱼香味型。味型特点是咸、甜、酸、辣，葱姜蒜味浓郁，如鱼香肉丝、鱼香八块鸡、鱼香茄子等。

甜酸味型。味型特点是酸甜、咸鲜，如糖醋里脊、糖醋鱼等。

家常味型。味型特点是咸鲜、微辣，如家常豆腐、家常海参、家常牛筋等。

麻辣味型。味型特点是麻辣、咸鲜，如麻婆豆腐、水煮牛肉、麻辣牛肉等。

咖喱味型。味型特点是咸鲜、香辣，如咖喱牛肉、咖喱土豆、咖喱鸡块等。

蒜泥味型。味型特点是咸鲜、辣、微甜，蒜香浓郁，如蒜泥白肉、蒜泥腰花等。

五香味型。味型特点是咸鲜、微甜、香味浓郁，如五香鱼、五香鸡块等。

荔枝味型。味型特点是咸味、酸甜，如荔枝肉片、荔枝墨鱼卷等。

酸辣味型。味型特点是酸辣、咸鲜，醋香味浓，如酸辣汤、酸辣三鲜汤等。

糊辣味型。味型特点是麻辣、咸鲜，略带酸甜，如宫保鸡丁、宫保扇贝等。

酱香味型。味型特点是咸鲜、香甜，酱香浓郁，如酱牛肉、酱爆鸡丁、酱爆牛蛙等。

咸甜味型。味型特点是咸鲜、香、微甜，如红烧鱼块、红烧鸡块等。

烟香味型。味型特点是咸鲜为主，烟香浓郁，如熏鱼、熏鸡、樟茶鸭子等。

二、常见自制复合调料的调制及应用

糖醋汁。以糖、醋为原料，调和成汁后，拌入主料中，用于拌制蔬菜，如糖醋萝卜、糖醋番茄等。也可以先将主料炸或煮熟后，再加入糖醋汁煮透，成为滚糖醋汁，多用于荤料，如糖醋排骨、糖醋鱼片。

椒麻汁。用料为生花椒、生葱、盐、香油、味精、鲜汤，将花椒、生葱同制成细蓉，加调料调和均匀，为绿色咸香味。可拌食荤食，如椒麻鸡片、野鸡片、里脊片等。忌用熟花椒。

咖喱汁。用料为咖喱粉、葱、姜、蒜、辣椒、盐、味精、油。咖喱粉加水调成糊状，用油炸成咖喱浆，加汤调成汁，为黄色咸香味。用于拌食禽、肉、水产，如咖喱鸡片、咖喱鱼条等。

蚝油汁。用料为蚝油、盐、香油，加鲜汤烧沸，为咖啡色咸鲜味。用以拌食荤料，如蚝油鸡、蚝油肉片等。

蒜泥汁。用料为生蒜瓣、盐、味精、麻油、鲜汤。蒜瓣捣烂成泥，加调料、鲜汤调和，为白色。拌食荤素皆宜，如蒜泥白肉、蒜泥豆角等。

红油汁。用料为红辣椒油、盐、味精、鲜汤，调和成汁，为红色咸辣味。用以拌食荤素原料，如红油鸡条、红油鸡、红油笋条、红油里脊等。

葱油。用料为生油、葱末、盐、味精。葱末入油后炸香，即成葱油，再同调料拌匀，为白色咸香味。用以拌食禽、蔬、肉类原料，如葱油鸡、葱油萝卜丝等。

芥末汁。用料为芥末粉、醋、味精、香油、糖。用芥末粉加醋、糖、水调和成糊状，静置半小时后再加调料调和，为淡黄色咸香味。用以拌食荤素，如芥末肚丝、芥末鸡皮苔菜等。

茄味汁。用料为番茄酱、白糖、醋，做法是将番茄酱用油炒透后加糖、醋、水调和。多用于拌熘荤菜，如茄汁鱼条、茄汁大虾、茄汁里脊、茄汁鸡片。

香糟油。用料为糟汁、盐、味精，调匀后为咖啡色咸香味。用以拌食禽、肉、水产类原料，如糟油凤爪、糟油鱼片、糟油虾等。

姜味汁。用料为生姜、盐、味精、油。生姜挤汁，与调料调和，为白色咸香味。最宜拌食禽类，如姜汁鸡块、姜汁鸡脯等。

五香汁。用料为五香料、盐、鲜汤、绍酒。在鲜汤中加盐、五香料、绍酒，将原料放入汤中，煮熟后捞出冷食。最适宜煮禽内脏类，如盐水鸭肝等。

盐味汁。以精盐、味精、香油加适量鲜汤调和而成，为白色咸鲜味。用以拌食鸡肉、虾肉、蔬菜、豆类等，如盐味鸡脯、盐味虾、盐味蚕豆、盐味莴笋等。

酱油汁。以酱油、味精、香油、鲜汤调和制成，为红黑色咸鲜味。用于拌食或蘸食肉类主料，如酱油鸡。

虾油汁。用料有虾籽、盐、味精、香油、绍酒、鲜汤。先用香油炸香虾籽后再加调料烧沸，为白色咸鲜味。用以拌食荤素菜，如虾油冬笋、虾油鸡片。

胡椒汁。用料为白胡椒、盐、味精、香油、蒜泥、鲜汤。将调料调和成汁后，多用于炝、拌肉类和水产原料，如拌鱼丝、鲜辣鱿鱼等。

麻辣汁。用料为酱油、醋、糖、盐、味精、辣油、麻油、花椒面、芝麻粉、葱、蒜、姜，将以上原料调和后即可。用以拌食主料，荤素皆宜，如麻辣鸡条、麻辣黄瓜、麻辣肚、麻辣腰片等。

精品赏析

凉拌木耳

凉拌等菜肴的调味很多是在加热后进行的，凉拌木耳这道菜肴采用的是典型的加热后的调味方式。也就是说，先用沸水把木耳焯煮熟后，再添加盐、味精、小葱、香菜等对其进行调味，这样不仅达到爽脆的口感特征，而且能很好地体现凉拌菜肴热制冷吃的特征（图3-8）。

图3-8 凉拌木耳

拓展训练

一、思考与分析

1. 加热后调味常用的调味品有哪些？

2. 简述调味方法有哪些。

二、菜肴拓展训练

根据下面的提示，制作风味炸薯条。

工艺流程

原料准备→刀工成形→漂洗沥干→下锅炸制→调味成菜（或跟味碟）→成品装盘。

制作要点

1. 土豆洗净去皮切条，洗净沥干。

2. 六成热油锅炸4～5分钟，待土豆条金黄色收水时，起锅沥油。

3. 沥干油装盘，撒上少量的盐（或跟椒盐或番茄沙司的味碟）（图3-9）。

图3-9 风味炸薯条

小贴士

薯条可以单吃或蘸椒盐、番茄酱等调味品吃，别有一番风味。

任务四 综合性调味

主题知识

加热前的调味、加热中的调味、加热后的调味这三个阶段，并非每份菜肴都必须经过，在实际操作中应根据菜肴的口味特点以及厨房的具体情况灵活运用。有些菜肴只需要加热前、加热中两个阶段就能完成调味，有些只需要加热中、加热后两阶段就能完成调味，有些只需要加热前、加热后就能完成调味，而有些菜肴则需要三个阶段的调味结合运用。

综合性调味，又称重复调味，有些菜肴只需要在加热前、加热中或加热后的某一阶段就能完成调味，但更多的菜肴则需要其中某两个或三个阶段的结合或重复来完成调味，我们把这种综合运用其中多个阶段的调味方式称为综合性调味。

一、适用范围

综合性调味一般适用于炸、蒸、熘、烧等烹调方法制作的菜肴。

二、操作要领

此类菜肴在实际调味操作时，应根据菜肴成品的要求和口味特点灵活掌握。重复调味时，必须要防止口味太咸或太重。

 烹饪工作室

典型菜例　酸菜鱼

工艺流程

原料准备→刀工成形→腌渍调味→下锅→成菜装盘。

主配料

草鱼或黑鱼、鲇鱼等1条（约750克），蛋清1只，酸菜（泡青菜）100克。

调料

野山椒20克，湿淀粉20克，精盐5克，味精5克，绍酒25克，糖5克，葱段10克，姜片10克，蒜泥20克，胡椒粉3克，鸡精2克，花椒少许，葱花适量，清汤适量，色拉油1000克（约耗100克）。

> **小贴士**
>
> 酸菜鱼属四川菜系，以其特有的调味和独特的烹调技法而著称。以鲜草鱼（或黑鱼、鲇鱼等）为主料，配以四川泡菜煮制而成。此菜虽为四川民间家常菜，但流传甚广。

制作步骤

酸菜鱼的制作见图3-10、酸菜鱼成品见图3-11。

第一步，将鱼宰杀洗净，撕去鱼腹内黑膜，剁去鳍，切下鱼头，紧贴鱼骨将鱼身的肉剔下。将剔下的鱼肉、鱼皮朝下，斜切成厚约0.5厘米的鱼片（或0.3厘米厚的鱼夹片），鱼脊骨剁成长约5厘米的块，鱼头对剖成两半。

第二步，将酸菜（泡青菜）中的水分挤干，切成细丝待用，野山椒剁碎。鱼片中加入精盐、绍酒、味精腌渍，并加入湿淀粉和蛋清拌匀上浆。鱼脊骨块、鱼头用适量精盐、绍酒、花椒和味精腌渍15分钟。

第三步，锅洗净烧热，放入少量色拉油，放入姜片、葱段、蒜泥炒出香味后，放入酸菜和野山椒煸炒，再加入适量清汤（水量要能没过所有鱼块）烧开。将鱼头和鱼脊骨放入酸菜汤中，加适量精盐、绍酒、味精、白糖、鸡精调味，大火煮10分钟，将鲜味熬出。

第四步，另起锅烧热，加入色拉油烧至四成热，将浆好的鱼片滑成七八成熟，倒出沥油。

第五步，将熬好的酸菜鱼骨汤倒出，放在大汤碗中，放上滑熟的鱼片，再在鱼片上撒放适量的葱花、蒜泥、胡椒粉等调味，将少许热油浇在鱼片上即可。

（1）　　　　　　（2）　　　　　　（3）　　　　　　（4）

（5）　　　　　　（6）　　　　　　（7）　　　　　　（8）

（9）　　　　　　（10）　　　　　　（11）　　　　　　（12）

图 3-10　酸菜鱼的制作

图 3-11　酸菜鱼的成品

行家点拨

此菜肴肉质细嫩，鱼片鲜嫩爽滑，鱼汤酸香鲜美，微辣而不腻。操作过程中应注意：

1.鱼片选用蛋清上浆，保证鲜美滑嫩，忌全用淀粉，否则汤会混浊。

2.鱼骨和鱼片要分开下锅，以免鱼骨煮不熟，鱼片不成形，以保证菜肴的品相。

3.野山泡椒要用大火旺油炒出香味，这样泡椒的香味才能很快融入汤中。

4.煮鱼要用热汤热水，这样鱼才没有腥味，汤色才会发白。

精品赏析

双味墨鱼

菜肴调味千变万化，有些菜肴只需要加热前、加热中或加热后的某一阶段就能完成调味，但更多的菜肴则需要其中某两个或三个阶段的结合或重复来完成调味。

双味墨鱼这道菜肴一方面是多种烹调方法的结合，另一方面是口味口感的组合，更体现出其多阶段综合的调味方式（图3-12）。

图3-12　双味墨鱼

拓展训练

一、思考与分析

1.结合实例说明调味有哪些阶段。

2.以糖醋排骨为例，试分析其在烹调中经过哪几个阶段的调味，并指出各个阶段所起的作用。

二、菜肴拓展训练

根据下面的提示，制作红油鱼片。

工艺流程

黑鱼→初加工→取净肉→刀工处理成片→上浆→滑油→调味→成菜装盘。

制作要点

1.将黑鱼初加工，取净肉，斜批成薄片，放入清水中，加姜片、葱段、绍酒、精盐，浸泡20分钟左右。

2.将炒锅上火烧热，加精盐、葱段、姜片、绍酒烧沸，放入鱼片氽熟，捞起沥去水，排叠于盘中。

3.取碗一只，放入精盐、白糖、白醋、味精、红油，加少许开水调匀，浇在鱼片上，放上香菜即成（图3-13）。

图3-13　红油鱼片

 **项目评价**

复合味汁调制评分表

分数	指标				
	调料配比恰当	口味符合要求	色泽纯正	制作细腻	清洁卫生
标准分	30分	30分	20分	10分	10分
扣分					
实得分					

注：复合味调制标准时间为10分钟，考评满分为100分，59分及以下为不及格，60～74分为及格，75～84分为良好，85分及以上为优秀。

学习感想

项目四
制 汤

项目介绍

　　制汤又称水锅、汤锅、熬汤、吊汤，就是将各种富含蛋白质、脂肪等营养成分的烹饪原料随清水入锅，经过中小火长时间的加热熬煮，使各种呈鲜味物质溶解于汤中，并利用一定的方法提取出汤汁的操作过程。"唱戏的腔，厨师的汤"，汤的重要性不言而喻。随着社会的进步，味精、鸡精的广泛运用，制汤技艺一度被人们忽视，"鲜不足，味精凑"成了业内厨师们的做法。然而味精调味始终无法取代制汤原本的鲜味，用味精调味所获得的鲜味远远不具备鲜汤所带来的鲜醇、营养丰富的特点。制汤原理大体相似，但因原料配比不同，汤的味道略有不同，形成了不同的风味。汤按照颜色不同可分为白汤和清汤，按照原料性质可分为荤汤和素汤，按照主料的种类可分为单一原料汤和混合汤，按照制汤工艺可分为单吊汤、双吊汤和三吊汤。本项目将重点介绍清汤和白汤的制法、形成原理、用料和操作要领。

学习目标

1. 了解制汤的作用和原理。
2. 了解制汤所用的原料和汤的分类。
3. 掌握制汤的方法和操作要领。

 项目实施

任务一　白汤的制作

主题知识

　　白汤就是选用新鲜、味道鲜美的原料焯水后加冷水，用大火烧沸后转中火保持汤面呈沸腾状，或先用小火加热然后改用大火加热所制成的汤。该汤汤汁具有色泽浓白、味道鲜醇的特点，多用作烩、煮等烹调方法的调味汤料，以增加菜肴鲜美的滋味，也可用以制作各类汤菜。

一、制作白汤的用料

　　制作白汤的用料比较丰富，如家禽中的老母鸡、老鸭及鸡鸭的骨架、鸡翅膀、鸡爪；家畜中的牛肉、牛骨头、猪瘦肉、猪脊椎骨、猪腿骨、羊肉；各种海产品类中的干贝、瑶柱、蛤蜊、龙虾壳、蟹壳；鱼类中的鱼头、鱼骨等动物性原料。植物性原料则可用黄豆、菜花、鲜笋、各种菌类。这些原料在加热过程中都会有很多呈鲜味物质溶解到汤汁中起到使汤味鲜美的作用。

二、白汤的制作原理

　　白汤在制作运用了乳化的原理和味的相乘作用。用于制汤的原料富含蛋白质、脂肪以及胶原蛋白，脂肪和水不能溶解在一起。在加热沸腾过程中，通过不停地震荡和碰撞，脂肪分子呈许多小油滴分散于汤中。汤中的胶原蛋白发生不完全水解形成明胶，明胶是一种亲水性很强的乳化剂，与骨头中的磷脂共同起到乳化作用，将汤汁中的小油滴与水紧紧结合起来，形成油、水、胶相结合的分散体系。这个体系在光线的折射下呈现乳白色，这就是汤汁变白的原理。汤汁中的各种呈鲜味物质混合在一起产生了味道相乘现象，使得鲜味更加突出，加入盐后汤汁变得异常鲜美。

三、白汤的作用

　　第一，增加菜肴鲜味。许多食材本身缺乏味道，利用汤汁的鲜味提升鲜味，改善味道。

　　第二，丰富菜肴的营养成分。白汤中富含各种氨基酸、核苷酸、肽类、脂肪酸和无机盐等营养物质，为人体提供各种营养成分。

　　第三，作为汤菜必不可少的汤料。

四、制作白汤的操作要领

　　第一，选择富含蛋白质、脂肪，味道鲜美，异味较轻的新鲜原料。

　　第二，原料多数需焯水处理，以除去异味。制作过程中加适量的生姜、葱和绍酒去除异味。

第三，要用中火加热，保持汤面呈沸腾状态，并掌握好加热时间。

第四，把握好原料和汤之间的比例，水要一次性加足，中途不宜加水，也不宜加盐进行调味。

第五，适时搅动原料，防止锅底原料烧焦产生异味。

第六，适时撇去浮沫，最后过滤去除渣滓，即时食用汤汁，剩余汤汁冷藏保存。

 烹饪工作室

一、普通白汤的制作

工艺流程

原料斩成块状洗净→沸水锅焯水→入水锅旺火烧开→中火保持汤面沸腾煮制→纱布过滤待用。

用料

老母鸡 5 千克，猪脊椎骨 2 千克，猪腿骨 2 千克，猪肉皮 1.5 千克，绍酒 30 克，生姜 50 克，葱 50 克，水 30 千克。

制作步骤

普通白汤的制作见图 4-1。

（1） （2）
（3） （4） （5）

图 4-1 普通白汤的制作

第一步，将老母鸡洗净斩成块，猪脊椎骨、腿骨斩成块，猪肉皮改刀成块；葱打结（或切段），生姜拍松（切片）待用。

第二步，锅置火上，加水，大火烧开后投入原料，待水沸腾后捞出，用凉水冲洗干净。

第三步，汤锅加水，放入经过焯水的各种原料，加入绍酒、生姜和葱结，大火烧开，撇去浮沫，转中火保持汤面沸腾至汤汁呈白色即可。

第四步，用纱布过滤，去除杂质和渣滓即成。

 行家点拨

1. 普通白汤多选用鸡、鸭、鸡骨架、鸭骨、猪骨头、牛骨头，也可以用猪蹄膀、猪瘦肉、牛肉等制作。骨骼中富含各类无机盐元素，如钙、磷、钠、镁等，这些无机盐多存在于骨髓中，另外骨骼中还含有丰富的脂肪和生胶蛋白，故在煮汤时，能增加汤汁鲜味。由于生胶蛋白溶解于汤中，使汤汁稠浓并成冻胶，所以骨头汤的营养价值高于肉汤。

2. 把握好制汤的火候。乳化作用是汤汁变白的原因，所以必须保持汤汁沸腾，但火力过旺，水分蒸发太快，加热时间过短，原料中营养物质不能充分析出而影响汤汁的味道；火力太小则阻碍了乳化作用的发生，汤汁不能变白。

3. 及时撇去浮沫，最后用纱布过滤。普通白汤可以采用第一次制汤（头道汤）的剩余原料来制汤（二道汤），当然第二次汤比头道汤汁品质要差一些，只适宜制作普通的菜肴。

4. 控制好加水量与原料的比例，不宜中途加水。制作普通白汤原料与水的比例在1∶3左右。

5. 普通白汤呈浅白色，浓度较差，鲜味略有不足。

二、浓白汤的制作

工艺流程

原料斩成块洗净→沸水锅焯水→小火熬煮→过滤。

用料

老母鸡6只（约重7.5千克），猪脊骨1根（约重5千克），鸡爪6千克，火腿200克，猪腿骨5千克，鸡油100克，葱100克，生姜100克，水75千克。

制作步骤

浓白汤的制作见图4-2。

第一步，将老母鸡、猪脊骨斩成块洗净备用；鸡爪洗净，火腿切成厚片，鸡油斩成块，鸡腿肉、猪腿骨斩成块；葱改刀成段，生姜改刀成片待用。

第二步，老母鸡、腿骨、脊骨、鸡爪、鸡油等分别用沸水锅焯水，然后用清水去除浮沫备用。

第三步，将上述原料放入冷水锅中用大火烧开后改用小火加热4～5小时，让原料中的呈鲜味物质充分融入汤汁中。然后用大火继续加热，搅动原料，防止原料粘锅，至汤汁呈乳白色，变稠浓。

第四步，用纱布过滤，去除杂质和渣滓即成。

（1）　　　　　　　（2）　　　　　　　（3）

（4）　　　　　　　（5）

图 4-2　浓白汤的制作

 行家点拨

1. 汤汁浓白，呈乳白色，所以又称为奶汤，味道鲜醇，略带黄色。可作为焖、煮、烩、汆等烹调方法添加的汤汁，也可以作为烧、扒等烹法的提鲜调味品。

2. 该汤多用于制作高档的菜肴，如燕窝、鱼翅、鲍鱼、海参类菜肴的制作。

3. 注意加热过程中的火力的变化和火候的控制。控制好原料和水之间的比例，约控制在 1 : 1.5 ～ 1 : 2。

4. 浓白汤也常采用鱼头和鱼骨头进行制作。

5. 要搅动原料，防止锅底原料焦煳产生不良气味。

相关链接

　　中华优秀传统文化源远流长、博大精深，是中华文明的智慧结晶。烹饪技艺中的制汤技艺是中华饮食文化的组成部分，也是我国人民的智慧结晶。中国烹调工艺自古重视制汤技术，尤其是在没有发明味精以前，中国菜肴主要用鲜汤来提味。即使在今天，鲜汤的地位也从未受到根本动摇，尤其是在制作名贵的山珍海味时，仍然要用高级鲜汤来提味和补味。

　　有了炊具、水、火和烹饪原料的搭配就有了汤菜的成型。白汤较清汤要更容易烹制，因为它对火候的要求没有那么高，富含蛋白质、脂肪的原料在水锅中经加热后都会产生白色的汤汁。在我国的四大菜系中，鲁菜、苏菜和粤菜都擅长于制汤，各地都有许多名菜用奶汤制作而成，这也充分体现了制汤在烹饪中的重要作用。

　　白汤的熬制可以先用小火加热，使原料中的鲜味成分充分溶解入汤汁中，再用旺火加热使汤汁浓白的方法；也可以采用长时间用中火加热保持汤面沸腾直至汤色浓白的方法制作。两种方法都可以达到汤色浓白的效果。

白汤在使用时也有讲究，如鱼汤常用于制作鱼菜，羊肉汤可以加盐后直接喝或者用于制作羊肉类菜肴，牛肉汤常用于煮制面条、粉丝，用途较广的是鸡汤和以老母鸡、鸡骨架、猪骨制作的汤，多数菜肴都适用。素菜要选用素汤，如香菇汤、蘑菇汤、黄豆汤、笋汤等。

拓展训练

一、思考与分析

制作白汤的原理是什么？

二、菜肴拓展训练

现有猪排骨 1000 克，制作排骨浓汤一份。

工艺流程

排骨斩成块状→沸水锅焯水→冷水冲洗→中火煮制→过滤取汤即成。

制作要点

1. 选用新鲜的排骨。

2. 焯水采用沸水锅焯水，用冷水冲去浮沫，加热过程中适时撇去浮沫。

3. 排骨与冷水一起下锅，旺火加热至沸腾，改用中火加热（图4-3）。

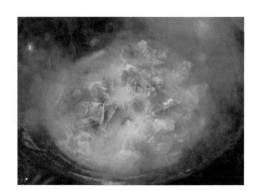

图4-3　排骨浓汤

任务二　清汤的制作

主题知识

清汤就是选用新鲜、味道鲜美的原料，加水，大火烧沸后转微火长时间加热而成的汤。该汤具有澄清透明，味道鲜醇，香味浓郁的特点。

一、制作清汤的用料

老母鸡里含有非常丰富的鲜味物质——含氮浸出物，是制汤最好的原料。也可以在老母鸡的基础上，添加鸡骨架、猪骨头、猪瘦肉、牛肉、老鸭、羊肉等同时加热，还可以用瑶柱、火腿、鸡爪、鸡翅等原料。

二、制作清汤的操作要领

第一，选味道鲜美，异味较轻的新鲜原料。

第二，原料需焯水后与冷水一起入锅加热。制汤原料大多要进行焯水处理，制作过程中加适量的生姜、葱和绍酒去除异味。

第三，制作清汤的关键是要用微火加热，保持汤面似沸微沸状态，并掌握好加热时间。

第四，要及时撇去浮沫。加热时原料中的血红蛋白会渗入汤水中，血红蛋白受热变性，体积膨胀吸收周围的杂质，形成浮沫浮在汤面上，需及时撇去。汤汁最后需用纱布过滤。

第五，制汤过程中水要一次性加足，中途不宜加水，也不宜加盐进行调味。

 ## 烹饪工作室

一、鸡清汤的制作

工艺流程

老母鸡宰杀洗净→将鸡改刀成块→沸水锅焯水→微火熬制→纱布过滤待用。

用料

老母鸡 10 只（12.5 千克左右），绍酒 30 克，生姜 20 克，葱 20 克，水 25 千克。

制作步骤

鸡清汤的制作见图 4-4。

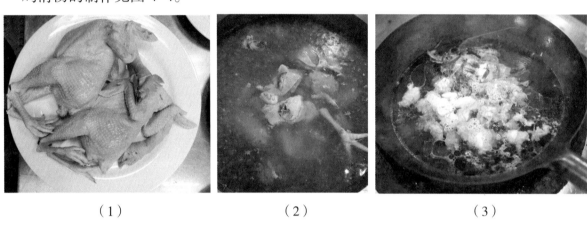

（1）　　　　　　　　　（2）　　　　　　　　　（3）

（4）

图 4-4　鸡清汤的制作

第一步，将鸡宰杀洗净，改刀成块备用；葱打结（或切段），生姜拍松（切片）待用。

第二步，锅置火上，加水，大火烧开后投入鸡块，待水沸腾后捞出用凉水冲洗去除浮沫待用。

第三步，汤锅加水，放入经过焯水的老母鸡，加入绍酒、生姜和葱结，大火烧开，撇去浮沫，改用微火加热4～5小时。

第四步，用纱布过滤，去除杂质和渣滓即成。

 行家点拨

此汤汤汁香味浓郁，澄清透明，味道鲜美。制作清汤应注意：

1. 应选用新鲜、品质好的老母鸡，原料的品质决定了汤的品质。

2. 采用微火加热是制作清汤的关键，把握好制汤的时间。

3. 及时撇去浮沫，最后用纱布过滤，提取汤汁，确保汤汁的清醇。

二、高级清汤的制作

工艺流程

普通清汤→鸡腿茸吊汤→鸡脯肉茸吊汤→过滤。

用料

普通清汤10千克，鸡腿肉1.5千克，鸡脯肉1.5千克，生姜100克葱适量。

制作步骤

高级清汤的制作见图4-5。

（1）　　　　　　　　（2）　　　　　　　　（3）

（4）　　　　　　　　（5）　　　　　　　　（6）

图4-5　高级清汤的制作

第一步，将鸡腿肉、鸡脯肉分别斩成茸，各自用水调成稀糊状备用；葱改刀成段，生姜改刀成片。

第二步，普通清汤内加入葱段和姜片，用中火加热至沸腾，改小火，缓缓加入鸡腿肉茸，用手勺顺一个方向搅动，汤汁沸腾后会有许多浮沫随鸡茸浮在汤面上，汤汁变浑浊，继续加热40分钟。用漏勺将其轻轻地捞出，这个过程称为"吊汤"（因鸡腿肉茸是红色的，所以称为"红吊"）。

第三步，汤汁继续加热，加入鸡脯肉茸，方法同前（因鸡脯肉是白色的，所以称为"白吊"），最后用漏勺撇去浮在汤面上的鸡脯肉茸和浮沫。

第四步，用纱布过滤，去除杂质和渣滓即成。

 行家点拨

1. 所制清汤色泽微黄（因为鸡肉的油脂微黄），清澈见底，味道鲜美，多用作高档菜肴的汤料。

2. 高级清汤又称"高汤""顶汤"，常用血水、鸡腿肉茸、牛肉茸制成"红哨"，用鸡蛋清、鸡脯肉茸制成"白哨"进行吊制，汤汁更加清澈，营养更加丰富，鲜味更加突出。这项技术也叫吊汤技术。

3. 吊汤是一项技术性很强的技艺，运用了味的相乘的原理，即几种相同味道的呈味物质按照一定比例调和在一起后，该种味道更加突出的现象。

相关链接

清汤，顾名思义汤清如水，汤汁营养丰富，味道十分鲜美。制汤过程大多不加盐，所以此时的汤没有鲜味，鲜美滋味在制作菜肴加入盐后才得以完美地体现出来。随着加盐量的增加，鲜味逐渐增加，直到一个高峰，此时加盐量恰到好处，如继续加盐，菜肴的咸味会取代鲜味，鲜味则下降。制汤很好地体现了中国人"调和"的哲学思想，《吕氏春秋·本味篇》中有"鼎中之变，精妙微纤，口弗能言"的记载。烹饪原料经过加热，在水和火的共同作用下发生了各种化学反应，营养物质水解融入汤中，调和出中餐所特有的美味，这就是鼎中之变，困扰古人，令其不能言的味经调和而成。

吊汤技艺在元明时代已被广泛运用，明朝宋诩的《宋氏养生部》里写到了制作清汤的方法："凡絮腥羹，先作沸汤，始少调以烰竹笋、瓜瓠、菜等清汁，后少调以烹鸡、鹅、猪等清汁，再少调以烹鲜虾清汁。炀火多烹，把尽羹面之油，滤净羹下之滓。其溶化血水、水和鸭卵入羹，皆能取清。"这里也介绍了清汤中关键的吊汤技艺。元朝忽思慧在其所作的《饮膳正要》中就已经介绍了马思答吉汤的制法中介绍的过滤的方法：羊肉（一脚子，卸成事件），草果（五个），官桂（两钱），回回豆子（半升，捣碎，去皮），一同熬成汤，滤净。此处则讲明了制汤最后需用过滤的方法去除渣滓，只不过现在的厨师用纱布较为方便而已。

烹饪原料中有许多原料本身味感不强，但价格昂贵，如高档原料燕窝、鲍鱼、鱼翅和海参等，就需用高汤增强其鲜美滋味。制汤因制作烦琐，耗时耗材，增加了成本，许多中小型酒店不会制作，导致了吊汤技艺面临失传的境地。传承传统的吊汤技艺，并将之发扬光大，是当代餐饮人的担当和责任。

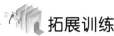
拓展训练

一、思考与分析

制作清汤的原理是什么，操作要领有哪些？

二、菜肴拓展训练

现有猪排骨 1000 克，制作排骨汤一份。

工艺流程

排骨斩成块状→沸水锅中焯水→冷水冲去浮沫→微火加热 3 小时→过滤取汤即成。

制作要点

1. 选用新鲜的排骨。

2. 焯水采用沸水锅焯水，用冷水冲去浮沫，加热过程中适时撇去浮沫。

3. 原料与冷水一起下锅，中火加热至沸腾，改用微火加热。

任务三　其他汤类

主题知识

　　除了白汤、清汤这些常用的汤，还有许多不同用途的汤，它们在选料和工艺上各不相同，作为其他汤类进行介绍。

烹饪工作室

一、鱼浓汤的制作

工艺流程

鱼骨、鱼头斩成块状→下少量油锅里煎→加水煮制→过滤。

用料

鱼下脚料（鱼头、鱼骨头）5 千克，葱 20 克，生姜 20 克，绍酒 30 克。

制作步骤

鱼浓汤的制作见图 4-6。

第一步，鱼头和鱼骨头斩成块状，生姜用刀拍松，葱打成结（或切段）备用。

第二步，过热锅冷油滑锅倒出底油，重新加油，下入葱结（或葱段）和姜块煸炒出香味，放入原料，加入绍酒煎制。

第三步，加入水，大火烧开后转中火加热至汤汁浓白。

第四步，用纱布过滤，去除杂质和渣滓即成。

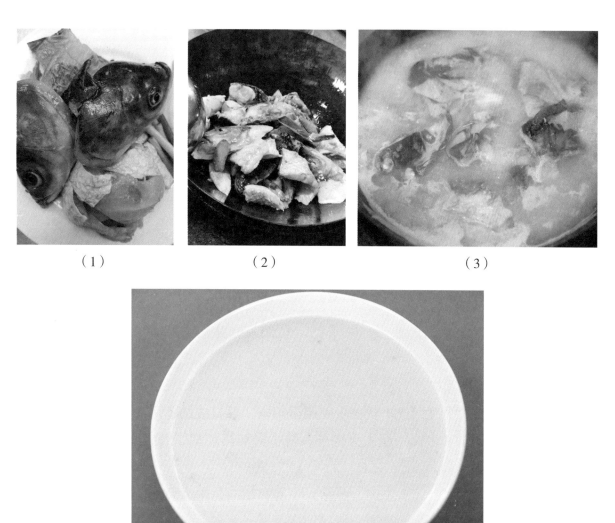

（1）　　　　　　　　　（2）　　　　　　　　　（3）

（4）

图 4-6　鱼浓汤的制作

 行家点拨

此汤汤汁浓稠，色泽浓白，味道鲜美，一般用于鱼菜的制作，如"海参黄鱼羹""三鲜汤""宋嫂鱼羹"等菜肴的制作。

1. 一般选用下脚料作为主料制作而成。

2. 原料加工成块状，先用葱、生姜炝锅，然后将鱼骨头、鱼头入锅煎制，加入适量绍酒去除腥味。

3. 水一次性加足，最好不要中途加水。

4. 控制好火候，根据汤汁制作的要求选择火力大小和加热时间。

相关链接

　　不同地方制作鱼浓汤用料有所不同，浙江省宁波、舟山沿海地区制作鱼浓汤多选用海产鱼类，如大黄鱼、小黄鱼、鮸鱼的骨头和头来制作，一般无需煎制。而其他地方常采用淡水鱼的鱼头和鱼骨，如用青鱼、草鱼的鱼骨或用鳙鱼的鱼头进行制作，淡水鱼类腥味较重，故须煎制去除腥味。鱼浓汤多适用于鱼菜，如鱼头豆腐汤、鲫鱼奶汤、雪菜大汤黄鱼等，很少用于其他肉、禽类原料为主的菜肴，多数地方菜肴都讲究原汁原味。

二、牛肉汤的制作

工艺流程

牛肉改刀成块→冷水锅焯水→加水煮制→过滤。

用料

牛肉 5 千克，牛骨头 5 千克，水 10 千克，葱 20 克，生姜 20 克，绍酒 30 克。

制作步骤

牛肉汤的制作见图 4-7。

第一步，牛肉和骨头改刀成块状，生姜用刀拍松，葱打成结备用。

第二步，锅内加水和牛肉一起大火烧开，转小火加热片刻，倒出沥干水分，用冷水冲洗去浮沫。

第三步，汤锅内加水，放入牛肉、葱结、生姜和绍酒，中火烧开后转微火加热 5 小时。

第四步，用纱布过滤，去除杂质和渣滓即成。

（1）　　　　　　　　　　（2）

（3）　　　　　　　　　　（4）

图 4-7　牛肉汤的制作

行家点拨

此汤汤汁澄清透明，牛肉香味浓郁，油面微黄。常用牛肉汤制作牛肉面和牛肉粉丝。

1. 应选用新鲜、品质好的牛肉。

2. 冷水锅焯水，因牛肉膻味较重。

3. 水一次性加足，中途不宜加水。

4. 把握好加热时间和火候。

相关链接

　　单独用牛肉或牛骨头制汤，同样也可以制作出牛肉清汤。如需要更高质量的清汤，也可用牛肉茸、鸡蛋清进行吊汤。如果在加热过程中改用中火加热，保持汤面沸腾，可以得到白汤。

　　我国幅员辽阔，餐饮文化争奇斗艳，不同地区涌现了许多著名的汤品。

　　酸汤是流行在贵州、云南和四川一带的很有特色的汤汁，它的制法与白汤和清汤的制法完全不同。这是一种通过发酵制作出来的汤，它的做法有二，第一种是用煮饭即将烧开的米汤装入一个陶瓷缸内，可以加点白糖（有利于发酵）、韭菜加盖，第二天也将同样的米汤倒入缸内，接下来每天都往里边加米汤、加盖进行发酵，半个月后就成为带酸味的乳白色的酸汤。使用时，舀入酸汤和原料同煮就可以食用了。第二种则是将面粉用水泡开呈浑浊液，倒入陶瓷缸内，加少量白汤、韭菜、荞头等加盖保存 15 天以上，使之发酵成为酸香味浓郁的酸汤。比方说贵州著名的酸汤鱼，是以火锅的形式制作的，将酸汤倒入火锅内煮沸，放入宰杀好的鱼，煮熟后大家围着火锅用餐即可。酸味是比鲜味更加突出的一种味型，它能够掩盖住鱼的腥味，突出鱼的鲜嫩味道，所以很受人欢迎。

　　例汤是广东地区非常著名的汤菜。它是一种用肉类原料与蔬菜原料混合制作的汤，往往以一种动物性原料——如猪骨头——加入当天用剩的下脚料，如老菜帮子、萝卜等，再加入一些药物小火长时间煲制而成。"宁可食无肉，不可食无汤"。长年以来，煲汤就成了他们生活中必不可少的内容，先上汤、后上菜是广州人宴席的既定格局。广州人煲汤炊具用砂锅慢慢煲，煮熟后要用小火焖四五个小时，不同时令煲不同的汤，有养胃的、祛湿的、下火的。煲汤往往选用猪骨头，加入适量的蔬菜，再加一定的药材制作而成。

　　素汤是用植物性原料加清水制作而成的鲜汤，多用于制作素菜，汤汁清鲜不腻，是一些寺院里斋菜的主要用汤。制作素汤的原料多为黄豆、豆芽、鲜笋、香菇、蘑菇等鲜味充足的原料，根据颜色不同可分为清汤和白汤。素汤主要有黄豆芽汤、黄豆汤、蘑菇汤、香菇汤、鲜笋汤等。制作时原料和水按照约 1：2 的比例入锅，大火烧开后转小火（如为白汤则转中火保持汤面沸腾）持续加热数小时即成。素菜制作的白汤的稳定性不如荤料制作出来的汤的稳定性，容易形成沉淀，产生分层现象（上下颜色不一样的现象）。

 拓展训练

　　根据下面的提示，制作牛高汤一份。

　　用料

　　清水 4 千克，牛骨头 2000 克，西芹 125 克，胡萝卜 125 克，香料包 1 个（百里香 1 克、香叶1片、丁香1克、黑胡椒12粒），洋葱适量。

特点

汤体清澈透明、呈浅黄色，牛肉香味浓郁。

操作过程

牛骨头斩成6～8厘米长的段，取出油和骨髓；洋葱、西芹、胡萝卜切成丁。将牛骨头和水一起入锅烧开，及时撇去浮沫，改小火，保持汤面微沸。加入蔬菜和香料包，小火加热6～8小时，不断撇去浮沫和油脂，过滤后放入汤桶中，放冷水槽中迅速冷却即可（图4-8）。

图4-8　牛高汤

　**相关链接**

　　牛高汤是一款西餐基础汤，与中餐的汤制的汤理念不同。西餐制汤时会加蔬菜原料，如西芹、胡萝卜等，也会用许多香料，不会加葱、生姜和绍酒去除原料中的腥味，所以西餐制作的汤味往往有很重的异味，而中餐制汤时很少用香料。中餐和西餐都讲究原汁原味，但两者的理解不同。西餐认为牛高汤就应该带有牛肉的腥味，而中餐认为的原汁原味是去掉不良味道的牛肉味道。但我们应该认识到，西餐也十分重视制汤，而且西餐厨师十分执着，做事有板有眼，一丝不苟，他们经常用肉茸调制清汤，而这项技术在中餐里用得越来越少。

项目评价

制汤评分表

分数	指标							
	选料合理	刀功处理准确	投料准确	熟处理方式恰当	口味适中	色泽恰当	操作规范	节约卫生
标准分	10分	10分	10分	20分	15分	15分	10分	10分
扣分								
实得分								

　　注：考评满分为100分，59分及以下为不及格，60～74分为及格，75～84分为良好，85分及以上为优秀。

学习感想

项目五
初步熟处理

项目介绍

酒店厨房在制作某些菜肴，特别是大型宴席的一些菜肴时，在正式烹调之前往往需要对烹饪原料进行初步熟处理。所谓初步熟处理，就是把经过初步加工的原料，用油、水、汽等加热，使其半熟或全熟的操作过程。初步熟处理的方法一般有焯水、过油、走红、汽蒸等。本项目以典型菜品为例，介绍初步熟处理的不同方法、操作要领。

学习目标

1. 了解烹饪原料初步熟处理的作用和原则。
2. 熟悉烹饪原料初步熟处理的各种方法。
3. 掌握烹饪原料初步熟处理的基本要求和操作要领。
4. 能做到遵守规程、安全操作、整洁卫生。

项目实施

任务一　焯　水

主题知识

　　焯水，又称水锅，就是把经过加工处理的原料，放在水锅中加热到半熟或全熟的状态，以备进一步烹调所使用的一种加工方法。

一、焯水的作用

　　第一，除去烹饪原料中的腥臊异味。例如，红烧羊肉这道菜肴在烹制前务必要通过焯水来排除大量的血污和羊肉固有的臊味。

　　第二，可缩短正式烹调的时间。原料经过焯水，已经达到半熟或全熟的状态。例如，西芹、冬笋等原料。

　　第三，调整几种不同性质的原料，使其在正式烹调时成熟一致。例如，肉类和蔬菜类原料的加热成熟时间是相差很大的，通过焯水就能很好地让它们达到同时烹调成熟的效果。

　　第四，便于去皮和切配成形。例如，板栗、鸡胗、鸭胗等原料。

二、焯水的分类及范围

（一）冷水锅焯水

　　冷水锅焯水是将原料与冷水同时下锅加热至一定程度，捞出洗涤后备用的焯水方法。

　　适用的范围：一是植物性原料，如笋类、芋头、萝卜、马铃薯、山药等根茎类蔬菜，这些原料体积较大，含有不同程度的涩味或者苦味；二是动物性原料，如牛肉、羊肉及动物的内脏类，这几类原料都存在血污比较多、腥臊味比较浓重的现象。

（二）沸水锅焯水

　　沸水锅焯水是先将锅中的水加热至沸腾，再将原料放入，加热至一定程度，捞出备用的焯水方法。

　　适用的范围：一是植物性原料，如菜心、芹菜、荠菜等叶、花、果类蔬菜，通过焯水，可保持原料的鲜艳色泽、脆嫩的口感，减少营养成分的流失；二是动物性原料，适用于腥臊异味小的肉类原料，如鸡、鸭、蹄髈、方肉等。

烹饪工作室

一、冷水锅焯水

　　将原料与冷水同时下锅加热至一定程度，捞出洗涤后备用。

　　冷水锅焯水的操作要领如下。

第一，锅中的水量要多，一定要浸没原料。

第二，注意翻动原料，使其受热均匀。

第三，及时除去浮沫，动物性原料可以加入葱、姜以去除异味。

典型菜例一　冬笋的焯水

原料

冬笋 500 克。

操作步骤

冬笋的焯水见图 5-1。

第一步，将冬笋剥去外壳洗净备用。

第二步，将去壳的冬笋入冷水锅，水量以浸没原料为准，大火烧开，转中小火加热至断生即可。

第三步，捞出后用冷水冲凉，然后浸入冷水中备用。

（1）　　　　　　　　　（2）　　　　　　　　　（3）

图 5-1　冬笋的焯水

典型菜例二　猪肚的焯水

原料

猪肚一个，葱 15 克，姜 20 克，绍酒 15 克。

操作步骤

猪肚的焯水见图 5-2。

第一步，猪肚清洗干净，锅中加入冷水，放入拍松的姜块及葱结、绍酒，再将猪肚放入。

第二步，大火烧开，撇去浮沫，转中小火加热至断生即可。

第三步，捞出后用冷水激凉，然后浸入冷水中备用。

小贴士

如何掌握焯水的时间？

应根据原料的老嫩程度和形状的大小灵活掌握，一般质老形大的原料焯水时间相对较长。

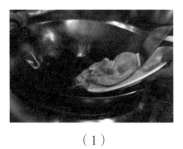 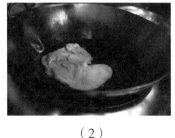 

（1）　　　　　　　　　（2）　　　　　　　　　（3）

图 5-2　猪肚的焯水

行家点拨

冷水锅焯水时应注意：

1. 适用原料多为以根茎类蔬菜为主的植物性原料和腥臊异味较重的动物性原料。

2. 水量要控制好，成熟度掌握恰当。猪肚的加热时间要严格控制，时间过久会使原料质地老化。

3. 植物性原料焯水结束后需用冷水激凉。

相关链接

1. 肉类为何常用冷水锅焯水？

因为肉类普遍含有腥臊异味，如果用热水锅焯水，则会使肉类表层的蛋白质凝固，以至内部的异味无法排除，从而达不到最佳的效果，因此必须选择冷水锅焯水。

2. 不同色泽、不同气味的原料如何安排焯水的顺序？

遇到多种原料焯水时，色泽浅、异味小的原料先焯水，色泽深、异味大的原料后焯水。

二、沸水锅焯水

先将锅中的水加热至沸腾，再将烹饪原料放入锅中，加热至一定程度捞出备用。

沸水锅焯水的操作要领如下。

第一，原料入锅前水一定要多，火要旺。

第二，一次下料不宜过多。

第三，原料下锅后略滚即应取出，尤其是绿叶菜类，加热时间不可太长。

第四，容易变色的蔬菜，如菜心、荠菜等，焯水后应立即投入冷水中冷却或摊开晾凉。

第五，鸡、鸭、猪肉等原料焯水后，水可作制汤之用，避免浪费。

典型菜例一　四季豆的焯水

原料

四季豆200克。

操作步骤

四季豆的焯水见图5-3。

（1）　　　　　　　　　（2）　　　　　　　　　（3）

图5-3　四季豆的焯水

第一步，四季豆清洗干净、去蒂、刀工成形。

第二步，大火冷水烧开，投入四季豆，加热至断生即可。

第三步，捞出后用冷水冲凉，然后浸入冷水中备用。

典型菜例二　老鸭的焯水

原料

宰杀好的老鸭 1 只，姜 20 克，绍酒 50 克，小葱 20 克。

操作步骤

老鸭的焯水见图 5-4。

第一步，将老鸭洗净，葱打结，姜拍碎。

第二步，沸水中加入老姜、小葱，沸腾时加入绍酒，再加入老鸭。

第三步，及时除去浮沫，至断生时捞出，浸入冷水中备用。

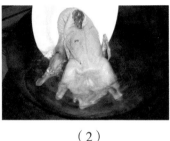

（1）　　　　　　　　（2）　　　　　　　　（3）

图 5-4　老鸭的焯水

 行家点拨

沸水锅焯水操作中应注意：

1. 沸水锅需水多火旺，一次下料不宜太多。

2. 植物性原料焯水速度要快，并及时用冷水激凉，防止营养成分流失。

3. 老鸭焯水后马上投入冷水中可以防止老鸭的肉质收缩而导致质地变老。

相关链接

焯水小窍门

焯水，又称出水、飞水。东北地区称为"紧"，河南一带称为"掸"，四川则称为"汩"。

1. 采用沸水多水量、短时间焯水处理，可减少营养素的热损耗。因为蔬菜细胞组织中存在氧化酶，它能加速维生素 C 的氧化作用，尤其是在 60℃～80℃ 的水温中活性最高。在沸水中，氧化酶对热不稳定，会很快失去活性，同时由于沸水中几乎不含氧，因而减少了维生素 C 因热氧化而造成的损失。

2. 在焯水中加入 1% 的食盐，使蔬菜处在生理食盐水溶液中，可使蔬菜内的可溶性营养成分扩散到水中的速度减慢。

3. 焯水前尽可能保持蔬菜形态完整，使受热和触水面积减少。在原料较多的情况下，应分批投料，以保证原料处于较高水温中。

4. 焯水后的蔬菜温度比较高，在离水后与空气中的氧气接触会产生热氧作用，这是营养素流失的继续。所以，焯水后的蔬菜应及时冷却降温。常用的方法是用大量冷水或冷风进行降温散热。前者将蔬菜置于水中，由于水的作用，可溶性营养成分损失；后者因没有这种作用存在，效果更好。

拓展训练

一、思考与分析

焯水过程中如何减少营养成分的损失?

二、菜肴拓展训练

训练一:按照提示,完成猪舌的焯水。

种类

冷水锅焯水。

原料

猪舌2个,生姜20克,绍酒30克,小葱20克。

操作步骤

第一步,猪舌清洗干净,锅中加入冷水、小葱、拍松的生姜、绍酒后,将猪舌放入。

第二步,大火烧开,撇去浮沫。

第三步,转中小火将猪舌加热至断生取出,刮去表皮白膜,洗净以备烹调用(图5-5)。

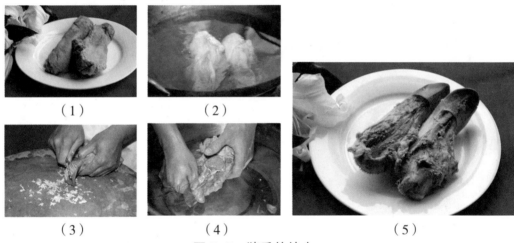

（1）　　　　　　（2）

（3）　　　　　　（4）　　　　　　（5）

图5-5　猪舌的焯水

训练二:按照提示,完成荠菜的焯水。

种类

沸水锅焯水。

原料

荠菜300克。

操作步骤

第一步,将荠菜清洗干净。

第二步,大锅中加水烧至沸腾,将荠菜投入锅中,用漏勺翻动原料。

第三步,待水沸后迅速捞出、用冷水冲凉,备用(图5-6)。

练一练

烹饪操作过程中要践行勤俭节约精神,杜绝浪费。请问:在焯水过程中,如何减少原料中的营养流失?

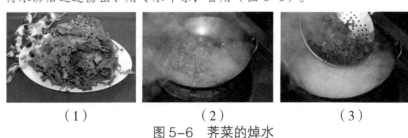

（1）　　　　　　（2）　　　　　　（3）

图5-6　荠菜的焯水

任务二 过 油

 主题知识

过油，又称油锅，是指在正式烹调前以食用油脂为传热介质，将加工整理过的烹饪原料放入油锅中加热成半成品的初步熟处理方法。

一、过油的方法

过油的方法分为滑油和走油两种。

滑油：油温控制在90℃～120℃。

走油：油温控制在150℃～240℃。

二、过油的作用

过油主要有以下四方面的作用。

第一，可改变烹饪原料的质地。

第二，可改善烹饪原料的色泽。

第三，可以加快烹饪原料成熟的速度。

第四，改变或确定原料的形态。

烹饪工作室

一、滑油

滑油又称划油、拉油等，是指用中油量、低油温，将原料加热成半成品的一种初步熟处理方法。

（一）适用原料

适用滑油的范围较广，家禽、家畜、水产品等烹饪原料均可，且大多是丁、丝、片、条等小型原料。

（二）操作要领

第一，先要进行滑锅处理（热锅冷油），防止原料粘锅现象发生。

第二，根据原料的多少合理控制油温和油量，油温控制在90℃～120℃。

第三，上过浆的原料要分散下入油锅，适时用筷子滑散至断生捞出，防止原料粘连。

典型菜例 清炒里脊丝

工艺流程

里脊肉→刀工成形→上浆→滑锅处理→放油加热（控制在90℃～120℃）→投入里脊丝→划散至转白断生→捞出沥油备用。

主配料

里脊肉 150 克，鸡蛋清 10 克。

调料

精盐 3 克，味精 3 克，绍酒 5 克，湿淀粉 15 克，色拉油 500 克。

操作步骤

清炒里脊丝的制作见图 5-7。

第一步，将里脊肉切成 8 厘米长、0.2 厘米粗细的丝。

第二步，里脊丝加精盐 2 克、绍酒、蛋清拌匀上劲，再放入湿淀粉 10 克上浆。

第三步，炒锅置旺火上烧热，用油滑锅后，放入色拉油烧至 90℃～120℃时，把浆好的里脊丝放入油锅中，用筷子划散，至转白断生，即倒入漏勺沥去余油。

第四步，原锅置中火上加入少量清水、精盐、味精，再加入湿淀粉勾芡，倒入里脊丝，淋明油，翻锅均匀后装盘即可。

? 想一想

如何识别滑油时的油温？

可将筷子蘸水后伸入油中，如果有小气泡冒出，则说明油温在 90℃～120℃。

图 5-7　清炒里脊丝的制作

行家点拨

此菜色泽洁白、质地滑嫩。在滑油时应注意：

1. 锅要洗净，并进行滑锅处理，防止原料粘锅现象发生。

2. 原料投入油锅后要适时地用筷子滑散，先轻后重，先慢后快，防止里脊丝脱浆，也防止粘连。

3. 里脊丝转白断生时需马上捞出。

4. 成品菜肴要求色泽洁白，因而必须选取洁净的油脂。

相关链接

什么是"滑锅"

饭店厨房中烹制菜肴常用的是熟铁锅，在操作时原料易黏结在锅上，所以正式工作前一般先要进行滑锅处理。即先把锅洗净，放置在火上烤红，放一些冷油下锅，用油把锅都浸润到，再把油倒出来。一般视锅的洁净程度操作几次后即可进行菜肴的正式烹制。现代厨房中较多使用不粘锅，滑锅这道工序就可以省略了。

二、走油

走油又称炸、跑油等，是指用大油量、高油温，将原料炸制成半成品的一种初步熟处理方法。

（一）适用原料

家禽、家畜、水产品、豆制品、蛋制品等烹饪原料均可，以丝、片、条、块或整形原料为主。

（二）操作要领

第一，应用大油量、中高油温。一般以浸没原料的油量及七八成热的油温为宜，火力要恰当，防止焦而不透。

第二，注意安全，防止热油飞溅。应采取防范措施，具体办法：一是原料下锅时与油面的距离应尽量缩小；二是原料投入锅中后应立即盖上锅盖，以遮挡飞溅的油滴。

第三，注意原料下锅的方法。有皮的原料下锅时皮应朝下。经过焯水后的原料，表面含水量较多，必须控干水分或用洁布揩净水分后再投入油锅，以减少热油飞溅。

第四，注意原料下锅后的翻动，防止粘锅底或者焦煳的现象发生。应用手勺缓缓地翻动原料，防止原料粘锅底或炸焦，同时注意原料的颜色和硬度，使成品菜肴达到最佳的质量标准。

典型菜例　走油肉

工艺流程

猪五花条肉→焯水处理→刀工成形→锅洗净加热→放油加热（150℃～210℃）→炸制→捞出备用。

主配料

猪五花条肉500克，青菜150克。

调料

葱结 15 克，桂皮 3 克，姜丝 25 克，醋 2 克，八角 3 克，绍酒 15 克，白糖 5 克，肉汤 50 克，酱油 35 克，菜油 1000 克（实耗约 100 克）。

操作步骤

走油肉的制作见图 5-8。

第一步，将猪肉刮洗净，入锅加水煮到八成熟出锅，擦干后抹上醋及酱油 15 克。

第二步，用七成（约 210℃）旺油锅，把肉放入炸约 1 分钟，至肉皮起泡有皱纹时当即捞出。

第三步，热锅中放入酱油 20 克和葱结、绍酒、白糖、八角、桂皮、肉汤，把肉入锅烧 1 分钟，取出冷却后切成 12 片，皮朝下扣在放有姜丝的碗中，倒入原汤，上蒸笼用旺火蒸酥为止。

第四步，青菜切成 5 厘米长的段，在沸水锅氽熟后放在肉上面，上桌时将肉覆在汤盘中揭去扣碗即可。

想一想

为什么炸制时往往要进行挂糊处理？

防止高温的油与原料直接接触，以致原料结焦，或营养成分受到破坏。

（1）　　　　　　　（2）　　　　　　　（3）

（4）

图 5-8　走油肉的制作

行家点拨

走油肉成菜应皮起皱纹、色泽红润，酥烂鲜香，酥而不腻。操作过程中应注意：

1.用旺油锅炸制至肉皮起泡有皱纹时即捞出。

2.注意安全，防止热油飞溅。

3.注意原料下锅的翻动，防止粘锅底或者炸焦的现象发生。应用手勺缓缓地翻动原料，同时注意原料颜色和硬度，使成品菜肴达到最佳的质量标准。

 相关链接

如何恰当掌握油温的高低？

掌握好油温，须根据火力大小、原料性质以及投料的多少来决定。

第一，用旺火加热，原料下锅时油温应低一些，因为旺火可使油温迅速升高。如果火力旺、油温高时下入原料，极易导致原料黏结、外焦内生。

第二，用中火加热，原料下锅时油温应高一些，因为中火加热，油温上升较慢。如果在火力不旺、油温低的情况下投入原料，则油温会迅速下降，造成原料脱浆、脱糊。

第三，应视投放原料的多少来决定油温。投放原料量大，油温应高一些，因原料本身的温度会使油温下降，投放量越大，油温下降的幅度越大，且回升较慢，故应在油温较高时下入原料。反之，原料量较少，下锅时油温可低一些。

第四，要根据原料的老嫩程度和体积的大小来决定油温。质地细嫩，体积较小的原料，下锅时油温应低一些；反之，油温则应高一些。

当然，掌握好油温必须综合考虑，灵活掌握，根据各种条件合理地控制油温，这样才能烹制出合格的菜肴来。

拓展训练

一、思考与分析

试归纳不同油温条件下的油面情况，以及原料下锅后的不同反应。

二、菜肴拓展训练

根据提示，制作椒盐仔排。

工艺流程

原料准备→加工成形→腌渍入味→挂糊炸制→复炸至金黄色→调味成菜。

制作要点

1.将仔排改刀成长6厘米、宽2厘米的条，并用绍酒、精盐、味精调味腌制。

2.用面粉100克、淀粉40克、水70克调成糊。

3.炒锅置旺火上加入色拉油，烧至170℃时，将仔排挂好糊，逐条下锅进行炸制，至结壳捞出，待油温升至200℃时复炸成色泽金黄，至表面酥硬即可捞出沥油。

图5-9　椒盐仔排

4.锅留底油，将洋葱、葱段、姜片、蒜片、红椒片一起倒入锅中炒香，再倒入炸好的排骨，撒入适量的椒盐，翻炒均匀即可出锅（图5-9）。

任务三 走 红

 主题知识

走红，又称上色、酱锅、红锅，是将一些经过焯水或走油的半成品烹饪原料放入各种有色的调味汁中进行加热，或将原料表面涂上某些调料后油炸而使烹饪原料上色的初步热处理方法。根据传热介质的不同，可将其分为卤汁走红和过油走红。

一、走红的作用

第一，能缩短菜肴正式烹调的时间。

第二，能促进原料的入味、增色。

第三，能除腥减腻。

二、操作要领

第一，卤汁走红必须用小火加热，使调味汁的色泽能缓缓地浸入原料的内部。

第二，必须防止原料粘连锅底，并保持原料的完整性。

第三，必须掌握汤汁与原料的比例。

第四，必须注意原料的色泽及成熟度。

烹饪工作室

一、卤汁走红

卤汁走红就是将经过焯水或走油的烹饪原料放入锅中，加入鲜汤、香料、料酒、糖色、酱油等，用小火加热至菜肴呈现所需颜色的一种走红方法。

卤汁走红：一般适用于鸡、鸭、鹅、方肉、肘子等烹饪原料的上色，以辅助烧、蒸等烹调方法制作菜肴，如红烧全鸡、九转大肠等。

典型菜例　卤牛肉

主配料

牛腱子 1000 克。

调料

花椒 10 克，香叶 10 克，桂皮 15 克，草果 15 克，白芷 10 克，丁香 10 克，肉蔻 10 克，酱油 25 克，绍酒 15 克，盐 3 克，白糖 25 克，葱 10 克，姜 10 克，蒜 10 克。

操作步骤

卤牛肉的制作见图 5-10。

 小贴士

加入卤汁的香料为何用纱布包裹？

用纱布包裹既能保证芳香物质进入卤水中，又能防止其粘连在原料上，影响美观。

　　第一步，牛腱子洗净，锅中加足量的水，放入牛腱子，煮开后继续煮5分钟左右，至血水全部析出，撇去浮沫。花椒等香料用纱布包裹。

　　第二步，原锅内放入葱、姜片、香料包煮制，加盐、绍酒、白糖和酱油，继续煮15～20分钟，转至小火加盖子焖煮1小时，关火浸2小时以上。

　　第三步，大火收汁，将牛肉卤上色即可。

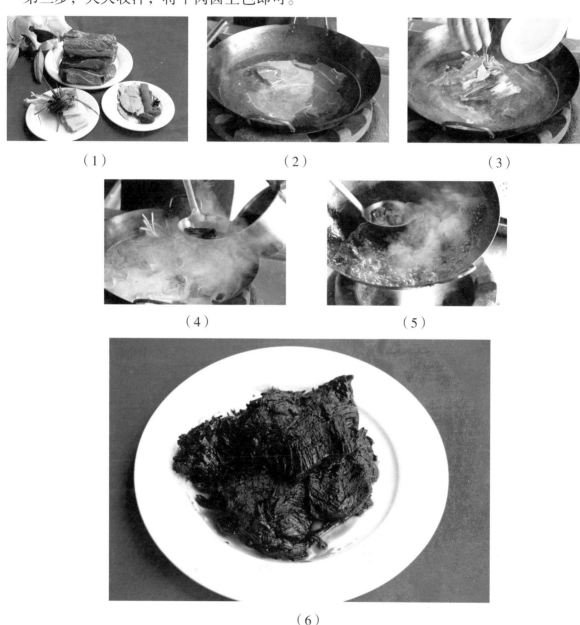

（1）　　　　　　　　　　（2）　　　　　　　　　　（3）

（4）　　　　　　　　　　（5）

（6）

图 5-10　卤牛肉的制作

行家点拨

　　此菜质地干香，口味鲜美。操作过程中应注意：

　　1. 牛肉需进行焯水处理，去除异味。

　　2. 掌握有色调料的用量和卤汁颜色的深浅。

　　3. 走红时先用旺火将卤汁烧沸，再转用小火加热，以便上色和入味。

卤汁和卤水的区别

卤汁又称老汤，是指使用过多次卤煮禽、肉的汤汁，老汤保存的时间越长，芳香物质越丰富，香味越浓，鲜味越大，煮制出的肉食风味越美。

卤水是中国粤菜、川菜以及许多小吃中常用的一种调味料，所用材料有花椒、八角、陈皮、桂皮、甘草、草果、砂姜、姜、葱、生抽、老抽及冰糖等多种，菜肴制作数小时即可制成。很多餐馆会将卤水重复使用，因为他们认为，卤水煮得越久，便越美味。

二、过油走红

过油走红是在经加工整理的烹饪原料的表面涂上一层有色调料，如料酒、饴糖、酒酿汁、酱油、面酱等，然后放入油锅中浸炸至烹饪原料上色的一种走红方法。

过油走红：一般适用于鸡、鸭、鹅、方肉、肘子、鱼等烹饪原料表面的上色，以辅助蒸、卤等烹调方法制作菜肴，如虎皮肘子、霉干菜扣肉等。

典型菜例　酥鱼

主配料

草鱼1条（1000克），生姜10克，葱15克。

调料

油1000克，绍酒10克，酱油15克，糖20克，五香粉5克，茴香3克。

操作步骤

酥鱼的制作见图5-11。

第一步，将鱼从脊部纵分，每隔鱼骨节切成小块，用酱油、绍酒腌制2小时，沥干水。

第二步，烧热油，将鱼逐块放入，炸至两边金黄酥脆捞出（炸时不宜经常翻动，以免弄碎鱼块）。

第三步，倒出多余的油，葱、姜爆香，加少许水，下糖、酱油适量，滚至汁浓。把炸好的鱼块放入调好的浓汁中，拌炒片刻，便可盛盘。

（1）　　　　　　　　　（2）　　　　　　　　　（3）

（4）　　　　　　　　　（5）

（6）

图 5-11　酥鱼的制作

 行家点拨

此菜色泽红亮，质地干香，口味鲜美。操作过程中应注意：

1. 原料走红前用酱油等有色调料腌制，有助于使成品菜肴的色泽美观。

2. 要掌握好油温，一般在180℃～210℃时进行走油处理。

3. 需初炸、复炸至色泽金黄、质地松脆。

相关链接

走红的注意事项

1. 卤汁走红应按菜肴的需要掌握有色调味品的用量和卤汁颜色的深浅。

2. 卤汁走红时先用旺火烧沸，再改用小火加热，使味和色缓缓地渗入原料。

3. 过油走红要把料酒、饴糖等调味品均匀地涂抹在原料表面，油温掌握在六成以上，以较好地起到上色的作用。

4. 控制好原料在走红加热时的成熟度，迅速转入烹调，以免影响菜肴的质感。

5. 鸡、鸭、鹅等应在走红前整理好形状，走红过程中应保持原料形状的完整。

 精品赏析

珊瑚鱼

珊瑚鱼选用新鲜青鱼为原料，去骨取净肉，采用剞刀方法加工成形，腌制入味后拍上吉士粉，入高温油锅中初炸、复炸，装盘后浇淋上茄汁。成菜质地脆嫩、色泽红亮、造型美观，非常能够体现出刀工、过油、勾芡等方面的技术特点（图5-12）。

图 5-12　珊瑚鱼

拓展训练

一、思考与分析

1.卤汁走红与过油走红有哪些不同的特点?

2.列举五个使用走红方式处理的菜例。

二、菜肴拓展训练

根据提示,制作虎皮鹌鹑蛋。

工艺流程

鹌鹑蛋→煮熟→剥去蛋壳→下油锅炸至金黄起皱捞出→炒锅加入白汤、调味料、鹌鹑蛋→加热入味→出锅装盘成菜。

制作要点

1.将鹌鹑蛋煮熟后用清水漂凉,剥去蛋壳,抹上酱油。

2.将猪油下锅烧热,把鹌鹑蛋下锅炸至金黄色、蛋皮出现皱纹时捞起。

3.将炸好的鹌鹑蛋入锅加汤、调味料,加热入味后成菜装盘(图5-13)。

图5-13 虎皮鹌鹑蛋

任务四 汽 蒸

主题知识

汽蒸,又称汽锅、蒸锅,是将已加工整理过的烹饪原料装入蒸锅,采用一定的火力,通过蒸汽将烹饪原料制成半成品的初步熟处理。根据原料的质地和蒸制后应具备的质感不同,可采用旺火沸水猛汽蒸和中火沸水缓汽蒸两种方法。

一、汽蒸的作用

第一,汽蒸可以加快原料的成熟速度。

第二,汽蒸可以保持原料的完整性。

第三,汽蒸可以减少原料营养成分的损失。

二、操作要领

第一,根据原料的老嫩程度、体积大小、装量的多少和烹调的要求掌握好汽蒸的火力和时间。

第二,注意装笼的顺序,确保原料成熟一致,并防止原料间相互串味、串色。

烹饪工作室

一、旺火沸水猛汽蒸

旺火沸水猛汽蒸是将经加工处理的烹饪原料装入蒸锅,采用旺火沸水以足量的蒸汽将原料加热至一定程度，制成半成品的汽蒸方法。

典型菜例　剁椒鱼头

工艺流程

蒸锅内加水→加热至水沸并有大量蒸汽→将烹饪原料置笼上（或蒸灶中）→蒸制→出笼备用。

主配料

鳙鱼头 1500 克。

调料

泡红辣椒 100 克，绍酒 10 克，味精 5 克，豆豉 10 克，香葱 15 克，老姜 15 克，蒜 10 克，盐 10 克。

想一想

旺火沸水猛汽蒸的适用范围有哪些？

适用于易成熟或成菜需保持鲜嫩质感的菜肴。

操作步骤

剁椒鱼头的制作见图 5-14。

第一步，将鱼头洗净，刀工处理成鱼头背相连的两片。泡红辣椒剁碎，葱切碎，姜块切末，蒜剁成泥。

第二步，将鱼头放在碗里，然后抹上油，在鱼头上撒上剁椒、姜末、盐、豆豉、绍酒。

第三步，将调好味的鱼头放入蒸笼（或蒸灶）中蒸制。

第四步，鱼头蒸制成熟后取出，加味精调味，将蒜泥和葱碎铺在鱼头上，将烧沸的热油淋在鱼头上即成。

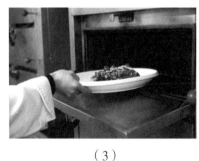

（1）　　　　　　　　　　（2）　　　　　　　　　　（3）

（4）

图 5-14　剁椒鱼头的制作

行家点拨

此菜肉质鲜嫩，香辣可口。鱼头蒸制过程中应注意：

1. 必须选用新鲜无异味的鱼头。

2. 蒸制前适当调味。

3. 蒸制时火力要旺，水量要充足才能达到汽蒸的要求。

4. 鱼头蒸制成熟即可，要保证成菜质地鲜嫩。

二、中火沸水缓汽蒸

中火沸水缓汽蒸是将经加工整理的烹饪原料装入蒸锅，采用中火沸水以少量的蒸汽将原料加热至一定程度，制成半成品的汽蒸方法。

典型菜例　蛋黄糕

工艺流程

蒸锅内添水加热→待水沸并有少量蒸汽时→将烹饪原料置笼上→蒸制→出笼备用。

主配料

蛋黄 500 克。

调料

精盐 10 克、湿淀粉 25 克。

操作步骤

蛋黄糕的制作见图 5-15。

第一步，将蛋黄放入盆内，挑去蛋黄膜，加入精盐顺一个方向搅匀。

第二步，撇去表面的泡沫，再加入湿淀粉搅匀，倒入盒内。

第三步，蛋黄液上笼蒸制 20 分钟至蛋黄凝固，冷却后即可。

中火沸水缓汽蒸的适用范围有哪些？

适用于体积较大、不易成熟的原料，或旺火高温会导致成品老化的原料。

（1）　　　　　　　（2）　　　　　　　（3）

图 5-15　蛋黄糕的制作

行家点拨

蛋黄糕质地紧密，鲜嫩清香。操作过程中应注意：

1. 蛋黄应除去蛋黄膜，加盐后调匀。

2.蒸制时火力适中，水量要充足，蒸汽量不宜太大。

3.根据量的多少灵活掌握蒸制时间，防止蛋黄糕出现气泡。

相关链接

电蒸箱使用常识

1.电蒸箱使用水的水质要好，避免供水系统堵塞和形成过多水垢。

2.电蒸箱工作时应小心接触，以防烫伤。如在其工作中需要开启箱门，要后退一步以防蒸汽喷出烫伤脸部。

3.蒸箱工作完成后可以按电源键关机（必须在停止工作状态时才能操作），若要开机必须重按电源键。

4.打开箱门时蒸气会散去，此时注意不要接触到蒸气及蒸箱四周，以免烫伤。

5.水箱缺水时，显示屏上的加水图标会闪烁，须及时加水补充。

6.发热盘积聚的水垢可用开水加含5%柠檬酸的清垢剂擦洗去除。

7.每次使用蒸箱后，要等箱体冷却之后进行整体清洁，并待其彻底干透才能关上箱门。

精品赏析

清蒸黄鱼鲞

将新鲜的大黄鱼从背部剖开，不刮鳞，取出内脏，擦拭干净后用盐腌制，风干后成黄鱼鲞。黄鱼鲞色泽洁白、口味咸鲜、营养丰富。清洗干净后调味、蒸制成菜（图5-16）。

图5-16 清蒸黄鱼鲞

拓展训练

一、思考与分析

1.制作水蒸蛋，并说明其制作过程和操作要领。

2.蒸制海鲜时应注意哪些要点？

二、菜肴拓展训练

根据提示，制作千张春笋蒸酱鸭。

工艺流程

酱鸭洗净剁成小块→春笋切成片并盖上酱鸭块→加入调味料→蒸制→调味→装盘成菜。

制作要点

1.酱鸭用温水冲洗干净后，剁成小块，放入盘中，蒸10分钟备用。

小贴士

开背盐渍后经漂洗晒干的称"淡鲞"或"白鲞"，质优；不经漂洗直接晒干的称"老鲞"。整条盐渍后晒干的称"瓜鲞"，质量较"淡鲞"差。多产于浙江沿海地区。

2. 春笋切成片，将千张铺在盘底，依次排满春笋片；取出蒸好的酱鸭，铺在千张春笋上，调味。

3. 中火蒸10分钟取出，将汁水放在锅中调味后均匀地浇在菜肴上（图5-17）。

图 5-17 千张春笋蒸酱鸭

 项目评价

初步熟处理评分表

分数	指标							
	选料合理	刀功处理准确	投料准确	熟处理方式恰当	口味适中	色泽恰当	操作规范	节约卫生
标准分	10分	10分	10分	20分	15分	15分	10分	10分
扣分								
实得分								

注：考评满分为100分，59分及以下为不及格，60～74分为及格，75～84分为良好，85分及以上为优秀。

学习感想

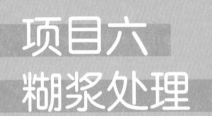

项目六
糊浆处理

+ 项目介绍

　　在中式烹调实战技艺中，挂糊上浆就是在经过刀工处理的原料表面挂上一层黏性的糊或浆，然后采取不同的加热方法，使制成的菜肴达到酥脆、松软、滑嫩的一项技术措施，传统的饮食行业中称之为"着衣"。勾芡能使汤汁浓稠，增加卤汁对原料的附着力，使汤汁浓稠，改善菜肴的色泽和味道。上浆、挂糊、勾芡对菜肴的色、香、味、形、质、养等方面均有很大的影响。

　　本项目将以典型菜品为例，分析糊、浆、芡的用料，系统地介绍常用糊、浆、芡的调制方法，全面厘清菜品糊、浆、芡的风味特点。学生尤其应熟练掌握其调制工艺和操作关键，养成良好的操作习惯，并能按客人的要求烹制各种有关用糊、用浆、勾芡方法制作的菜品。

+ 学习目标

1. 了解上浆、挂糊、勾芡的概念、种类。
2. 熟悉厨房中上浆、挂糊、勾芡的用料。
3. 理解上浆、挂糊、勾芡在烹调中的作用。
4. 掌握不同烹调方法中各类浆、糊的用料、风味特点，尤其应熟练掌握其调制工艺和操作关键，养成良好的操作习惯。
5. 能按客人的要求烹制各种有关糊浆处理、勾芡的菜例。

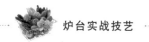
 项目实施

任务一　上浆技巧

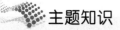 主题知识

　　上浆就是在经过刀工处理的原料表面，加入适当的调料、淀粉、蛋液、小苏打等辅助原料，使原料包裹上一层薄薄的浆液，经过加热使制成的菜肴达到滑嫩效果的方法。

一、上浆的用料

　　上浆的用料主要有精盐，淀粉（干淀粉、湿淀粉），鸡蛋（全蛋液、蛋清液、蛋黄液），油脂，小苏打和水等。上浆用料的种类较多，依上浆用料组配形式的不同，可把浆分成水粉浆、蛋清浆、全蛋浆、苏打浆四种。

二、上浆的作用

　　第一，原料上浆后，其表面的浆液受热凝固后形成的保护层对其起到保护作用，能保持原料的嫩度。

　　第二，美化原料的形态。

　　第三，保持和增加菜肴的营养成分。

　　第四，保持菜肴的鲜美滋味。

三、操作要领

　　第一，灵活掌握各种浆的厚薄。较嫩的原料含水量多，浆宜浓稠一些；较老的原料、吸水力强的原料，浆宜薄一些。

　　第二，恰当掌握各种浆的调制方法。调制时应先慢后快、先轻后重。原料应先用食盐、料酒等腌渍，再加入小苏打、蛋清、湿淀粉等原料，抓捏上劲。

　　第三，用浆将原料全面包裹，避免滑油时油与原料直接接触而导致其变老变色。

　　第四，根据原料性质和菜肴制作要求的不同选用不同的浆，如牛肉应选用苏打浆，无色菜肴应选择不会产生色泽的蛋清浆等。

 烹饪工作室

一、水粉浆

　　水粉浆是将原料用调料（精盐、绍酒）腌制入味，再用水与淀粉调匀上浆，浆的浓度以裹住烹饪原料为宜。水粉浆由淀粉、水、精盐、绍酒等构成，一般用料比例为：原料500克、干淀粉50克、冷水适量（应视原料含水量而定）。

适用范围：肉片、鸡丁、腰子、肝、肚等烹饪原料的浆制，多用于以炒、爆、熘、汆等烹调方法制作的菜肴，如爆腰花、炒肉片、钱江肉丝等。

典型菜例　木耳里脊

工艺流程

原料准备→刀工成形→腌渍→上水粉浆→滑油→炒制→成菜装盘。

主配料

净里脊肉 200 克，水发黑木耳 150 克，青、红椒片各 15 克。

调料

精盐 6 克，味精 2 克，湿淀粉 15 克，绍酒 5 克，姜片 5 克，葱白段 5 克，色拉油 750 克（约耗 60 克），鸡汤 20 克。

制作步骤

木耳里脊的制作见图 6-1。

第一步，刀工成形。将里脊切成 0.3 厘米的厚片，排刀后改刀成菱形；将青、红椒改刀成菱形片；姜去皮切片、葱白切成寸段。

第二步，上浆。将里脊片放入碗内，用盐 2 克加绍酒、味精、葱、姜腌制 3 分钟。里脊片加入湿淀粉上浆，浆的浓度以裹住烹饪原料为宜。

第三步，滑油。炒锅置旺火上，加入色拉油烧至三四成热，放入里脊片用筷子划散，成熟后用漏勺捞出；青、红椒过油备用。

第四步，炒制。原锅留油 10 克，放入葱白段、姜片煸香，加入绍酒、精盐、味精、鸡汤烧沸后，放入木耳、里脊片翻拌均匀，勾芡，起锅装入盘内即成。

（1）

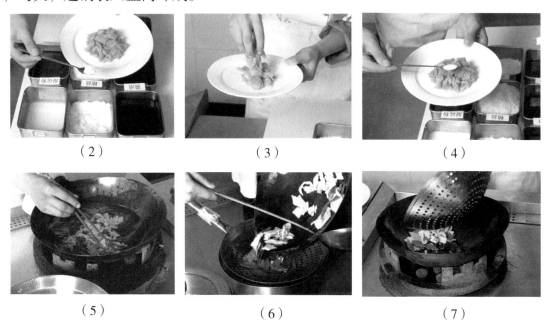

（2）　　　　　　（3）　　　　　　（4）

（5）　　　　　　（6）　　　　　　（7）

（8）

图6-1 木耳里脊的制作

 行家点拨

此菜肴色彩黑白分明，木耳软糯，肉片鲜嫩味醇。操作过程中应注意：

1. 刀工处理要美观，主料里脊肉加工成菱形片，配料青、红椒也切菱形片。

2. 里脊肉的上浆处理，要先加盐、绍酒将其抓至有黏性，再加入湿淀粉抓上劲，使里脊肉片由表及里裹上一层薄薄的浆液，这样才能使滑炒的里脊肉片滑嫩。

3. 调味要准，咸淡适宜。

 精品赏析

钱江肉丝

俗话说南方人口味清淡，这只是说了一个大概，不管是湘菜的剁椒鱼头，还是川菜的麻辣烫，对胃口就行。钱江肉丝这道色泽红亮的菜虽然糅合了北方菜肴那种浓重的口味，但仍然保持了杭州菜肴咸鲜入味、刀工精细的特点。要烹制优质的钱江肉丝，除了精细的刀工外，还要有过硬的上浆技术（图6-2）。

图6-2 钱江肉丝

 拓展训练

一、思考与分析

哪些烹饪原料使用水粉浆时采用干淀粉处理？为什么？

二、菜肴拓展训练

根据提示，制作鱼香肉丝。

工艺流程

刀工成形→上浆→炒制→勾芡→出锅。

制作要点

1. 猪肉切成 10 厘米长、0.3 厘米宽的丝，冬笋、木耳切成丝，泡红椒剁成末。肉丝盛入碗内，加精盐 1 克、湿淀粉 20 克上浆。另取一个碗放入白糖、精盐、醋、酱油、肉汤、5 克湿淀粉兑成粉汁。

2. 炒锅置旺火上，下色拉油烧至六成热时，下肉丝炒散，加入泡红辣椒、姜粒、蒜粒炒香上色，再加入冬笋丝、木耳丝、葱花炒匀，烹入兑汁，颠翻几下收汁淋入明油，起锅装盘即成（图 6-3）。

图 6-3 鱼香肉丝

二、蛋清浆

蛋清浆是由鸡蛋清、淀粉、精盐、绍酒、味精等原料调制成的。一种调制方法是先将原料用精盐、绍酒、味精抓拌至入味并有黏性，然后加入鸡蛋清抓匀，最后加入湿淀粉拌匀即可。另一种方法是先将盐、绍酒等调料与鸡蛋清、湿淀粉调成浆，再把主、配料放入鸡蛋清粉浆中拌匀即可。上述两种方法都可以在上浆后加入适量的冷油，以便将原料划散。一般按原料 500 克、鸡蛋清 50 克、干淀粉 50 克的比例进行调制（冷水适量）。多用于爆、炒、熘类菜肴，可使成菜柔滑软嫩、色泽洁白，如清炒虾仁、滑熘鱼片、芫爆里脊丝等。

典型菜例 滑炒鸡丝

工艺流程

原料准备→刀工成形→腌渍→上蛋清浆→滑油→炒制→成菜装盘。

主配料

生净鸡脯肉 250 克，鸡蛋清 1 个。

调料

盐 6 克，味精 2 克，绍酒 5 克，湿淀粉 25 克，色拉油 500 克（约耗 80 克）。

制作步骤

滑炒鸡丝的制作见图 6-4。

第一步，刀工成形。将鸡脯肉切成薄片，然后切成 8 厘米长的细丝。

第二步，上浆。先将盐、绍酒等调料与鸡蛋清、湿淀粉调成浆，再把鸡丝放入蛋清浆中拌匀即可。

第三步，滑油。锅洗净、滑锅，加入洁净色拉油，加热至三四成热，投入鸡丝划散，

至转白断生捞出。

第四步，滑炒。锅留余油，加入汤水、盐、味精调味，用湿淀粉勾薄芡，倒入鸡丝，颠翻均匀，出锅装盘。

（1）

（2）

（3）

（4）

（5）

（6）

（7）

（8）

图 6-4　滑炒鸡丝的制作

 行家点拨

此菜肴鸡丝色白，亮油薄芡，口感鲜嫩。操作过程中应注意：

1. 鸡丝成形控制在 8 厘米长、0.2 厘米粗细，注意使鸡丝长短均匀、粗细一致，防止出现连刀。

2. 使用蛋清浆处理，做到厚薄均匀，鸡丝上劲。

3. 在三四成油温中滑油处理，断生即可，保持鸡丝滑嫩的质感。

4. 主料鸡丝可以配以不同的配料或采用不同的调味方法，丰富菜肴的品种。

精品赏析

龙井虾仁

龙井虾仁，顾名思义，是配以龙井茶的嫩芽烹制而成的虾仁，是富有杭州地方特色的名菜。龙井虾仁选用活的大河虾，配以清明前后的龙井新茶烹制，虾仁玉白、鲜嫩，芽叶碧绿、清香，成菜色泽雅丽，滋味独特，食后清口开胃，回味无穷，在杭菜中堪称一绝，是历代名厨多年来精湛技术的结晶，体现了名厨的工匠精神。

图6-5　龙井虾仁

烹制龙井虾仁时用的就是蛋清浆。制作时先将虾去壳，挤出虾仁，换水再洗。这样反复洗三次，把虾仁洗净后取出，沥干水分（或用洁净干毛巾吸水），放入碗内，加盐、味精和蛋清，用筷子搅拌至有黏性时，放入干淀粉拌匀上浆（图6-5）。

相关链接

龙井虾仁的典故

相传，清朝乾隆皇帝下江南时，恰逢清明时节，他将当地官员进献的龙井新茶带回行宫。当时，御厨正准备烹炒白玉虾仁，闻着皇帝赐饮的茶叶散发出的一股清香，他突发奇想，将茶叶和汁水作为佐料洒进炒虾仁的锅中，制作了此道名菜。民间厨师听到此传闻，即仿效出具有杭州地方特色的龙井虾仁。

另有一种说法是杭州的厨师可能受到做过杭州地方官的宋代著名文学家苏东坡的一首词的启发。苏东坡调到密州（今山东诸城）后所作的《望江南》中有一句："休对故人思故国，且将新火试新茶，诗酒趁年华。"旧时，有寒食节不举火的风俗，节后举火称新火。这个时候采摘的茶叶，正是"明前"（寒食后二日是清明节），属龙井茶中的最佳品。人们从苏东坡的词联想到这个季节中的时鲜河虾，于是以新火烹制了龙井虾仁，经尝试，味极鲜美，又突出表现了杭州的风味特色，遂从此流传下来。

龙井茶叶素以"色绿、香郁、味甘、形美"四绝著称。河虾被古人誉为"馔品所珍"，不仅肉嫩鲜美，营养丰富，而且有补肾、壮阳、解毒之功效。取用清明前的龙井新茶与时鲜的河虾烹制的龙井虾仁，色如翡翠白玉，透出诱人的清香，食之极为鲜嫩，是一道具有浓厚地方风味的杭州传统名菜。

拓展训练

一、思考与分析
如何防止蛋清浆在滑油时脱浆？

二、菜肴拓展训练
根据提示，制作滑炒里脊丝。

工艺流程

刀工成形→上浆→滑油→勾芡→淋明油→出锅装盘。

制作要点

1. 将猪里脊肉切成较细的丝，用绍酒、精盐拌匀，再加上鸡蛋清、淀粉上浆，青椒切成细丝待用。

2. 取小碗，用绍酒、精盐、白汤、味精、湿淀粉调兑成芡汁。

3. 将里脊丝投入三四成热的油锅中划散，加入青椒丝，熟后一起沥去油。原锅上火，留少许底油，放入肉丝，勾入芡汁，翻炒均匀，浇上明油出锅装盘即可（图6-6）。

图6-6　滑炒里脊丝

三、全蛋浆

全蛋浆由全蛋液、淀粉、精盐、料酒等构成。它的一种调制方法是先将原料用精盐、料酒、味精抓拌至入味并有黏性，然后加入全蛋液抓匀，最后加入湿淀粉拌匀即可。另一种方法是先将盐、料酒等调料与全蛋液、湿淀粉调成浆，再把原料放入全蛋液粉浆中拌匀即可。上述两种方法都可以在上浆后加入适量的冷油，以便将原料划散。

调制浆液时应注意两点：一是全蛋浆需要更加充分地调和，以保证各种用料溶解；二是用全蛋浆浆制质地较老韧的主、配料时，宜加适量的泡打粉或小苏打，以使原料经滑油后质地滑嫩。

全蛋浆用料比例为原料500克，全蛋液50克，淀粉50克。多用于以炒、爆、熘等烹调方法制作的菜肴及烹调后带色的菜肴，如辣子肉丁，酱爆鸡丁等。成菜具有滑嫩、微带黄色等特点。

典型菜例　宫保鸡丁

工艺流程

原料准备→刀工成形→腌渍→上全蛋浆→滑油→炒制→成菜装盘。

主配料

生净鸡胸脯肉200克，熟花生米50克，鸡蛋1个。

调料

湿淀粉30克，姜片、葱末少许，白糖10克，醋5克，干辣椒2只，四川郫县豆瓣酱10克，酱油5克，味精2克，精盐3克，绍酒10克，红油5克，白汤25克，色拉油750克（约耗75克）。

制作步骤

宫保鸡丁的制作见图6-7。

小贴士

鸡胸肉蛋白质含量较高，且易被人体吸收利用，有增强体力、强壮身体的作用。其中含有对人体生长发育有重要作用的磷脂类，是中国人膳食结构中脂肪和磷脂的重要来源之一。

第一步，刀工成形。将鸡胸脯肉洗净切成 1.8 厘米长、0.8 厘米厚的方丁。

第二步，腌制、上浆。鸡丁加精盐、绍酒拌匀，再加蛋液、15 克淀粉，抓上劲。

第三步，滑油。锅洗净后滑锅处理，加入油，加热至三四成热时，将鸡丁下油锅划散至转白断生捞出。

第四步，炒制、装盘。在锅中留油少许，把干辣椒、葱末、姜片、蒜末、豆瓣酱爆香，然后再下入鸡丁翻炒，最后放酱油、绍酒、味精、白糖、醋、水、淀粉、红油炒匀并勾芡，最后加入花生米炒匀即可。

图 6-7　宫保鸡丁的制作

 行家点拨

此菜肴色泽红亮，清香鲜嫩，咸鲜微辣。操作过程中应注意：

1. 选料时以嫩公鸡的胸脯、腿肉为最佳。

2.炒鸡丁时，锅要热好，油要适量，油温控制在三四成热，注意操作连贯迅速。

3.烹调时，泡辣椒可改用郫县豆瓣酱，荸荠也可用青笋或鲜笋代替。如法可制辣子猪肉丁、辣子羊肉丁等。

 **精品赏析**

宫保豆腐

宫保豆腐是从宫保鸡丁演变而来的，两者烹调方法相同，只是鸡丁被老豆腐取代了，成菜色泽红润，味道鲜辣甜香，还多了豆腐嫩滑的口感，是一道酸甜下饭的创意菜肴（图6-8）。

图6-8 宫保豆腐

相关链接

宫保鸡丁的来历

宫保鸡丁相传由丁宝桢所创。丁宝桢原籍贵州，为清咸丰年间进士，曾任山东巡抚，后任四川总督。他一向很喜欢吃辣椒与猪肉、鸡肉爆炒的菜肴，据说在山东任职时，他就命家厨制作酱爆鸡丁及类似菜肴，均很合其胃口，但那时此菜还未出名。调任四川总督后，每遇宴客，他都让家厨用花生米、干辣椒和嫩鸡肉炒制鸡丁，鸡丁肉嫩味美，很受客人欢迎。后来，他由于戍边御敌有功被朝廷封为"太子少保"，人称"丁宫保"，其家厨烹制的炒鸡丁，也被称为"宫保鸡丁"。

拓展训练

一、思考与分析

全蛋浆中鸡蛋与淀粉及水的比例如何控制？

二、菜肴拓展训练

根据提示，制作酱爆鸡丁。

工艺流程

刀工成形→上浆→调汁→炒制→装盘。

制作要点

图6-9 酱爆鸡丁

1.将鸡胸脯肉去除白膜洗净，切成小丁，倒入料酒和淀粉搅匀，黄瓜切成同样大小的丁，大蒜切片。

2.甜面酱、干黄酱、白糖、清水倒入碗中，均匀搅拌成酱汁。

3.锅烧热后倒入少量油，先下蒜片爆香，再倒入鸡丁翻炒两分钟。

4.炒至鸡丁变色，倒入调好的酱汁，不断翻炒，使鸡丁全部沾满酱汁。

5.倒入黄瓜丁，翻炒均匀后即关火，最后滴入几滴香油即可（图6-9）。

四、苏打浆

苏打浆是由鸡蛋清、淀粉、小苏打、水、精盐等构成的。制作时先把原料用小苏打、精盐、水等腌渍片刻，然后加入鸡蛋清、淀粉拌匀，浆好后静置一段时间即可使用。一般比例为原料500克、鸡蛋清30克、淀粉30克、小苏打5克、精盐10克、水适量。适用于质地较老、肌纤维含量较多，韧性较强的主、配料，如牛肉、羊肉等。多用于以炒、爆、熘等烹饪方法制作的菜肴，制品鲜嫩润滑，如蚝油牛肉、铁板牛肉等。

典型菜例　尖椒牛柳

工艺流程

原料准备→刀工成形→腌渍→上苏打浆→滑油→炒制→成菜装盘。

主配料

牛里脊肉200克，小尖椒100克，鸡蛋1个。

调料

老抽9克，小苏打2.5克，白糖10克，精盐5克，蚝油10克，姜5克，葱结5克，干淀粉5克，绍酒10克，胡椒粉少许，味精3克，白汤25克，麻油5克，湿淀粉15克，蒜泥3克，姜片2.5克，葱段5克，色拉油500克。

制作步骤

尖椒牛柳的制作见图6-10。

第一步，刀工成形。将牛里脊肉顺长条切成牛柳，尖椒洗净待用。

第二步，腌制上浆。将老抽4克、小苏打、白糖、精盐、蚝油、鸡蛋调成汁，放入牛里脊、葱结、姜块搅拌均匀，腌渍30分钟。搅拌上劲后，加入干淀粉拌匀上浆，最后加入色拉油25克，并放冷藏柜静置1小时。

（1）

第三步，滑油。锅烧热入油，待油温升至三四成热，放入牛柳划至断生成熟捞出。

第四步，炒制。锅留余油，加尖椒煸炒，加各种调味料、鲜汤，加入牛柳翻炒，勾芡出锅装盘。

（2）

（3）

（4）

（5）

（6）

（7）

（8）

图 6-10　尖椒牛柳的制作

 行家点拨

此菜肴色泽鲜润，尖椒脆嫩，牛柳滑嫩。操作过程中应注意：

1. 牛里脊肉要与纤维横向顶丝加工成牛柳。

2. 上浆时要用力搅拌，使各种调味品充分渗入牛肉内部。

3. 控制好小苏打的用量。

 精品赏析

铁板牛排

先将牛排上苏打浆，划油。铁板烧红，随麻油、划好油的牛排、味汁、芹菜、洋葱、葱丝一同上桌，先倒入麻油，然后依次投入洋葱、芹菜、葱丝、牛排，烹入味汁，盖上盖，至香气四溢时，和匀即成。成菜色泽红亮，肉质细嫩，鲜香浓郁（图 6-11）。

"牛柳"指的是牛的里脊肉。我国将牛胴体大

图 6-11　铁板牛排

体上分为十二块，现代化屠宰加工企业将牛肉分为里脊（牛柳）、外脊、眼肉、上脑、胸肉、肩肉、米龙、腱子肉、腹肉等。

拓展训练

一、思考与分析

1.牛肉上浆要用到哪些调料？

2.小苏打的主要成分是什么？是否含有有害成分？

二、菜肴拓展训练

根据提示，制作蚝油牛肉。

工艺流程

刀工成形→上浆→调芡汁→滑油→炒制→勾芡→淋油→出锅装盘。

制作要点

1. 牛肉片加入老抽5克，用小苏打3.5克、干淀粉15克、清水45克制成浆，将牛肉放入浆中拌匀，最后加入15克油，静置30分钟即可。

2. 用蚝油、味精、酱油、麻油、胡椒粉、湿淀粉、清汤调成芡汁。

3.用大火烧热炒锅、滑锅下油烧至三四成热时，将牛肉片过油至九成熟，连油一起倒入漏勺，沥去油。将炒锅放回火上，下蒜泥、姜、葱煸香，下牛肉片，烹绍酒，用兑好的粉汁勾芡，淋油翻勺，迅速出锅装盘即成（图6-12）。

图6-12 蚝油牛肉

任务二 挂糊技巧

主题知识

挂糊，又称着衣，就是根据菜肴的质量标准，在经过刀工处理的原料表面，适当地挂上一层黏性的糊，经过加热，使制成的菜肴达到酥脆、松软等效果的施调方法。

一、挂糊的用料

挂糊的用料主要有淀粉、面粉、鸡蛋、膨松剂、面包粉（或其他香料如芝麻、核桃粉、瓜子仁）、油脂等。不同的挂糊用料具有不同的作用，制成糊加热后的成菜效果有明显的不同。

二、挂糊的作用

挂糊后的原料多用于煎、炸等烹饪方法，所挂的糊液对菜肴的色、香、味、形、质各

方面都有很大影响，其作用主要有：

第一，可以保持主配料中的水分和鲜味，并使菜肴获得外脆里嫩的质感。

第二，可保持主配料的形态完整，并使之表面光润、形态饱满。

第三，可保持和增加菜肴的营养成分。

第四，使菜肴呈现悦目的色泽。

第五，使菜肴产生诱人的香气。

三、操作要领

（一）灵活掌握各种糊的浓度

在制糊时，要根据烹饪的要求、烹饪原料的质地及是否经过冷冻处理等因素来决定糊的浓度。较嫩的原料所含水分较多、吸水力强，则糊的浓度以稠一些为宜；如果在挂糊后立即进行烹调，糊的浓度应稀一些；冻的原料含水分较多，糊的浓度可稠一些；未经过冷冻的原料含水量少，糊的浓度可稀一些。

（二）恰当掌握各种糊的调制方法

在制糊时，必须掌握先慢后快、先轻后重的原则。开始搅拌时，淀粉及调料还没有完全融合，水和淀粉（或面粉）尚未调和，浓度不够、黏性不足，所以应该搅拌得慢一些、轻一些。一方面防止糊液溢出容器，另一方面避免糊液中夹有粉粒。经过一段时间的搅拌后，糊液的浓度渐渐增大，黏性逐渐增强，搅拌时可适当增大力量和加快速度，使其越搅越浓、越搅越黏，使糊内各种用料融为一体，便于与原料相黏合，但切忌使糊上劲。

（三）挂糊时要把原料全部包裹起来

原料在挂糊时，要用糊把原料的表面全部包裹起来，不能留有空白点。否则在烹调时，油就会从没有糊的地方浸入原料，使这一部分质地变老、形状萎缩、色泽焦黄，影响菜肴的质量。

（四）根据原料的质地和菜肴的要求选用适当的糊液

要根据原料的质地、形态、烹调方法和菜肴要求恰当地选用糊液。有些原料含水量大、油脂成分多，就必须先拍粉后再拖蛋糊，这样烹调时就不易脱糊。对于讲究造型和刀工的菜肴，必须选用拍粉糊，否则就会使造型和刀纹达不到工艺要求。此外，还要根据菜肴的要求选用糊液。当成品颜色为浅黄色时，必须选用鸡蛋清作为糊液的辅助原料，如蛋泡糊等；当需要外脆里嫩或成品颜色为金黄、棕红时，可使用全蛋液、蛋黄液作为糊液的辅助原料，如全蛋糊、拖蛋糊、拍粉拖蛋滚面包粉糊等。

在烹调过程中，应当根据原料的质地、烹调方法及菜肴成品的要求，灵活并合理地进行糊液的调制。挂糊用料的种类较多，依挂糊用料组配形式的不同，可将常用的糊分成蛋清糊、蛋黄糊、蛋泡糊、干粉糊、脆皮糊、拍粉拖蛋滚面包粉（屑）糊六种。

烹饪工作室

一、蛋清糊

蛋清糊又称软炸糊，主要由鸡蛋清、淀粉（或面粉）等调制而成。制作时将打散的鸡蛋清加入干面粉，搅拌均匀即可，其用料比例是1:1，可加适量水，多用于软炸类菜肴，如软炸里脊、软炸鱼条等。成品具有质地松软、色泽淡黄等特点。

典型菜例　软炸里脊

工艺流程

原料准备→刀工成形→腌渍→挂蛋清糊→炸制→成菜装盘。

主配料

净里脊肉200克，鸡蛋清2个。

调料

面粉70克，干淀粉30克，色拉油1000克（约耗70克），绍酒3克，葱段2克，姜片1克，精盐3克，味精2克，花椒盐一小碟。

制作步骤

软炸里脊的制作见图6-13。

第一步，刀工成形。将里脊肉切成0.3厘米的厚片，在表面剞上一些浅刀纹，然后改成边长约3厘米的菱形片。

第二步，腌制。主料用盐2克及绍酒、味精、葱段、姜片腌制3分钟。

第三步，调蛋清糊。面粉70克、干淀粉30克、鸡蛋清2个，再加入适量冷水（应视原料含水量而定）抓均匀。

第四步，炸制。炒锅置中火上，放入油，加热至五成热时，将里脊片逐片挂好糊入锅内炸制成熟。至表皮淡黄色时，即可捞出沥油装盘。

第五步，装盘。上桌随带一碟花椒盐。

（1）

（2）

（3）

（4）

（5）

图6-13 软炸里脊的制作

 行家点拨

此菜肴色泽淡黄，外松软、里鲜嫩。操作过程中应注意：

1. 刀工处理形状大小一致。

2. 糊薄厚均匀。

3. 油温应控制在五成热左右。

4. 成品色泽呈淡黄色即可，操作时需要掌握好炸的时间和油温。

精品赏析

软炸鲜蘑

软炸鲜蘑系用鲜菇焯水后挂上软炸糊炸制而成，色泽淡黄，质感外松软里鲜嫩，口味鲜美，深受食客的好评（图6-14）。

图6-14 软炸鲜蘑

 拓展训练

一、思考与分析

怎样掌握好软炸的油温，突出成品的要求？

二、菜肴拓展训练

根据提示，制作软炸虾仁。

工艺流程

选料→腌制→调蛋清糊→挂糊→炸制成菜。

制作要点

1.虾仁放入碗中加盐、味精、胡椒粉、绍酒腌渍2分钟。

2.盆中加蛋清、面粉、生粉、少许水调成薄糊。

3.勺内加花生油烧至150℃时，将虾仁挂糊，带糊逐个下入油中，炸至色泽淡黄，捞出装盘，带椒盐上席（图6-15）。

图6-15 软炸虾仁

二、蛋黄糊

蛋黄糊是用干淀粉（或面粉）、鸡蛋黄加适量冷水调制而成的，鸡蛋黄与淀粉（或面粉）的用量为1∶1。多用于炸熘类菜肴，如糖醋鱼片、糖醋排骨等。成品具有外层酥脆香、里层鲜嫩的特点。现以糖醋排骨为例，介绍蛋黄糊类菜肴操作的一般程序。

典型菜例 糖醋排骨

工艺流程

原料准备→刀工成形→腌渍→挂蛋黄糊→炸制→勾芡→成菜装盘。

主配料

仔排250克，鸡蛋黄1个。

调料

面粉80克，干淀粉80克，绍酒5克，葱段2克，姜片1克，酱油10克，糖20克，醋20克，精盐6克，色拉油1000克（约耗70克）。

制作步骤

糖醋排骨的制作见图6-16。

第一步，刀工成形。将仔排加工成骨牌块。

第二步，腌制。主料用盐5克、绍酒、葱段及姜片腌制3分钟。

第三步，调蛋黄糊。用面粉40克，干淀粉60克，鸡蛋黄1个，水60克调成糊，放入腌制过的仔排挂匀糊。

第四步，炸制。用大火将油烧至五成热，逐块放入挂好糊的仔排块，初炸至结壳，拣去碎末、待油温回升至七成热时复炸至色泽金黄，表面酥硬时捞出。

第五步，制芡熘制。锅内留底油10克，用酱油10克、糖20克、醋20克、水50克调制好糖醋汁放入锅内，勾芡后，随即投入炸好的排骨块，翻拌均匀，淋亮油出锅。

（1）

（2）　　　　　　　　　（3）　　　　　　　　　（4）

（5）　　　　　　　　　（6）　　　　　　　　　（7）

（8）

图6-16　糖醋排骨的制作

 行家点拨

此菜肴色泽红亮，酸甜适口，外脆里嫩。操作过程中应注意：

1. 炸制时要使表面酥硬。

2. 调制味汁时，调味料比例适当，芡汁适度。

相关链接

排骨的营养价值

排骨可提供人体必需的优质蛋白质、脂肪，尤其是其中丰富的钙质可维护骨骼健康。

烹制猪肉应注意以下两点。

第一，猪肉烹调前不能用热水清洗，因猪肉中含有一种名为肌溶蛋白的物质，在15℃以上的水中易溶解，若用热水浸泡就会散失很多营养，同时口味也欠佳。

第二，猪肉应煮熟，因为猪肉中有时会有寄生虫，全生或调理不完全时，可能会在猪的肝脏或脑部寄生有绦虫。

精品赏析

炸藕盒

将莲藕切成0.5厘米厚的圆形片24片，用清水漂30分钟；将肉馅分成12份，放在藕片上，再压一块藕片粘成盒形；用干淀粉、面粉、鸡蛋黄加适量冷水调制成蛋黄糊；炒锅大火烧油至六成热，藕盒挂上蛋黄糊后下油锅炸至金黄酥脆便可捞起，沥净油，排好便可上桌（图6-17）。

在制作菜肴过程中，我们要量化用料、规范操作；在标准化操作流程、精准化用料中，节约食材，合理进行垃圾分类。我们要追求作品完美，提高实践创新能力，培养工匠精神。

图6-17　炸藕盒

拓展训练

一、思考与分析

使用蛋清糊和蛋黄糊制成的菜肴有何不同特色？

二、菜肴拓展训练

根据提示，制作茄盒。

工艺流程

选料→制馅→调蛋黄糊→茄子切成夹刀片夹入馅心→挂糊→炸制成菜。

制作要点

1.肉馅中放入葱花，姜末，盐，少量淀粉和生抽，再放入少许花椒粉和鸡精，用手抓均匀入味，抓至黏稠即可待用。

2.取适量面粉与淀粉，加入蛋黄和适量清水调成面糊。

图6-18　茄盒

3.茄子洗干净去掉尾巴，切成0.6厘米夹刀片，夹上肉馅。

4.炒锅中放入油1500克，烧至六成热的时候，将茄合粘面糊封口，放入锅中，转中火（以免茄子变成黑色）炸1分钟即可（图6-18）。

三、蛋泡糊

蛋泡糊的用料有干淀粉、鸡蛋清，5个鸡蛋清应加干淀粉 80～85 克。调制时将鸡蛋清用打蛋器顺一个方向连续抽打成完全起泡状，加入干淀粉，轻搅至均匀即可。多用于松炸类菜肴，如高丽鱼条、雪衣大虾、高丽香蕉等。成品菜肴外形饱满、质地松绵、色泽淡黄。

典型菜例　高丽香蕉

工艺流程

原料准备→刀工成形→拍上干粉→挂蛋泡糊→炸制→装盘→跟味碟上席。

主配料

香蕉 2 根，鸡蛋清 5 个。

调料

干淀粉 80 克，色拉油 1000 克（耗 80 克），绵白糖 25 克。

制作步骤

高丽香蕉的制作见图 6-19。

第一步，刀工成形。将香蕉去皮切成边长约 1 厘米大小的正方丁，拍上干淀粉。

第二步，抽打蛋泡。蛋清抽打成泡沫状，打至泡细、色发白，翻而不会倒出时，加入干淀粉轻轻拌匀。

第三步，炸制。炒锅置小火上，加入色拉油烧至二成热时，将香蕉逐个挂上蛋泡糊放入油锅中，小火慢炸至淡黄色时捞起，沥尽油装盘，撒上绵白糖即成。

（1）　　　　　　　　（2）　　　　　　　　（3）

（4）　　　　　　　　（5）　　　　　　　　（6）

（7）

图 6-19　高丽香蕉的制作

 行家点拨

此菜肴色泽淡黄、大小一致、饱满光洁、挂糊均匀，口味外松绵、里香甜。操作过程中应注意：

1.香蕉切成 1 厘米大小的正方丁，蛋清要搅打至完全起泡。

2.拌和干淀粉要适量，干淀粉加入后拌匀即可。

3.挂糊要均匀，掌握好油温，成菜色泽一致。

 精品赏析

松炸菜花

花椒用温水浸泡一下后取出，留花椒水备用；将菜花择洗干净，切成小块用开水烫至七成熟，投入凉水中冷却后捞出；控净水，放入碗里，加盐、味精、葱姜汁、香油、花椒水腌五分钟后，蘸一层面粉待用；将鸡蛋清抽打成蛋泡状，加干淀粉拌匀成蛋泡糊；素火腿切成末；炒勺加油，上火烧至四成热，将菜花挂蛋泡糊，粘上素火腿末，放油中，炸至色泽淡黄，捞出装盘即成（图 6-20）。

图 6-20　松炸菜花

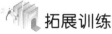 **拓展训练**

一、思考与分析

1.怎样判别蛋泡糊所使用的蛋清已完全搅打起泡？

2.高丽菜肴为什么要采用小火慢炸？

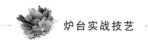

二、菜肴拓展训练

根据提示，制作松炸银鱼。

工艺流程

选料→腌制→调蛋泡糊→挂糊→炸制→撒上椒盐成菜。

制作要点

1. 将银鱼洗净，放绍酒、盐腌10分钟。

2. 鸡蛋清打成泡沫状，加入干淀粉搅匀。

3. 将银鱼放入蛋泡糊碗中搅匀。

4. 油烧至二成热时，将银鱼逐条入锅炸制后捞出，撒一点花椒盐即可（图6-21）。

图6-21　松炸银鱼

四、干粉糊

干粉糊实际上就是直接用干的淀粉或面粉进行拍粉处理，一般先将原料用调味品腌渍过后滚上淀粉即可，但应注意要现拍现炸。成品具有口感香脆、色泽金黄等特点。适用于剞过各种花纹的原料，可使菜肴口感香脆、色泽金黄、产品刀纹清楚，尤其适用于炸、熘类菜肴，如松鼠鳜鱼、菊花青鱼、葡萄鱼等。

典型菜例　炸烹里脊丝

工艺流程

原料准备→刀工成形→腌渍→拍上干淀粉→炸制→烹制→装盘。

主配料

净里脊肉200克，干淀粉500克，葱花5克，姜末3克，蒜末3克。

调料

精盐3克，糖25克，醋20克，酱油5克，绍酒5克，味精少许，色拉油1000克（约耗75克）。

制作步骤

炸烹里脊丝的制作见图6-22。

第一步，刀工成形。将里脊肉切成0.2厘米的厚片，然后切成8厘米长的细丝。

第二步，腌制。将里脊丝用盐、绍酒腌制3分钟。

第三步，拍粉。将里脊丝均匀地拍上生粉，然后抖去多余的粉料。注意要现拍现炸。

第四步，炸制。将里脊丝下油锅炸制至色泽金黄，质感酥脆，捞出沥油。

第五步，烹制。留底油，葱姜蒜末爆香后，下肉丝，烹入糖醋汁，旺火收汁，颠翻出锅装盘。

（1）　　　　　　　　（2）　　　　　　　　（3）

（4）　　　　　　　　（5）　　　　　　　　（6）

（7）　　　　　　　　（8）　　　　　　　　（9）

（10）

图6-22 炸烹里脊丝的制作

行家点拨

此菜肴里脊丝色泽红亮，质感酥脆，操作过程中应注意：

1.原料选择使用里脊肉。

2.刀工处理要细。里脊丝要长短均匀，粗细一致，且无连刀现象。这不仅是为了使成菜整齐美观，而且是为了使原料能够受热均匀，同时上色、成熟、入味。

3.腌渍入味。

4.拍粉要均匀，现拍现炸，防止粉层过厚，影响菜肴质感。

5.要做到两次油炸。第一次炸的油温宜在五成热时，分散下入挂糊拍粉的原料，待其变硬、色淡黄时捞出。第二次炸是使原料表面金黄酥脆，油温应控制在六七成热。

6.调兑味汁量要准。所用味汁为有色清汁，不加水淀粉，以体现炸烹菜清爽酥脆的特点。

7.回锅成菜要快。炒锅加油烧热，放入葱、姜、蒜末爆香，倒入兑好的清汁和炸好的原料，快速翻拌至味汁被主料大部分吸收，淋香油出锅。

精品赏析

花开富贵

花开富贵是对温州传统敲鱼的改良创新，体现了温州菜完美的"敲"功，每一片都由厨师将鱼片拍上干淀粉后用特制的木槌敲打，入油锅炸制，烹汁制作而成，同时菜肴的造型可谓是独具匠心，创意精妙（图6-23）。

通过赏析菜肴"花开富贵"，用心体会培养精益求精的工匠精神，提升实践创新、举一反三的能力。

图6-23　花开富贵

拓展训练

一、思考与分析

用于拍粉的粉种有哪些？各有哪些特点？

二、菜肴拓展练习

根据提示，制作炸烹虾段。

工艺流程

选料→腌制→拍粉→炸制→烹入清汁→翻炒成菜。

制作要点

1.将虾从背脊挑出沙线，取出沙包，去须、脚，洗净切断，腌制。

2.蒜切片，葱、姜切丝。碗中放高汤、盐、姜汁、绍酒、白糖、葱丝、蒜片、味精调成清汁。

图6-24　炸烹虾段

3.起锅放油烧至五六成热，将虾段拍粉，投入五六成热的油中炸至酥脆。锅留底油，投入葱、姜丝煸炒出香味，加入炸好的虾段翻炒，倒入兑好的清汁，旺火收汁，烹醋出锅（图6-24）。

五、脆皮糊

脆皮糊主要由面粉、淀粉、清水、泡打粉、植物油调制而成。调制时，先将面粉、淀粉、泡打粉放入大碗内搅拌均匀，加入水抓成糊，静置5分钟左右，至粉糊中产生小气泡后再加入油脂搅匀即可。多用于脆炸类菜肴，如脆皮鱼条、脆炸明虾等。成菜涨发饱满、外松、里嫩、色泽金黄。

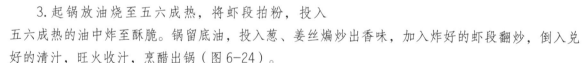

典型菜例 脆皮鱼条

工艺流程

原料准备→刀工成形→腌渍→挂脆皮糊→炸制→成菜装盘→跟味碟。

主配料

净草鱼肉 150 克。

调料

面粉 100 克，干淀粉 25 克，清水 200 克，泡打粉 25 克，色拉油 1000 克（约耗 70 克），绍酒 3 克，葱段 2 克，姜片 3 克，精盐 5 克，味精 2 克，番茄沙司（或花椒盐）一小碟。

制作步骤

脆皮鱼条的制作见图 6-25。

第一步，刀工成形。将草鱼剖开，剔去骨刺，将鱼肉切成 7 厘米长、1 厘米粗细的长条。

第二步，腌制。鱼条用盐、绍酒、味精、葱段、姜片腌制 3 分钟。

第三步，调脆皮糊。面粉 100 克、干淀粉 25 克、清水 200 克、泡打粉 25 克、植物油 30 克抓匀。

第四步，炸制。炒锅置中火上，加入色拉油，烧至五成热，将鱼条均匀地挂上糊入锅进行炸制，至成熟表皮金黄酥脆即可，取出装盘，带番茄沙司（或花椒盐）味碟上桌即可。

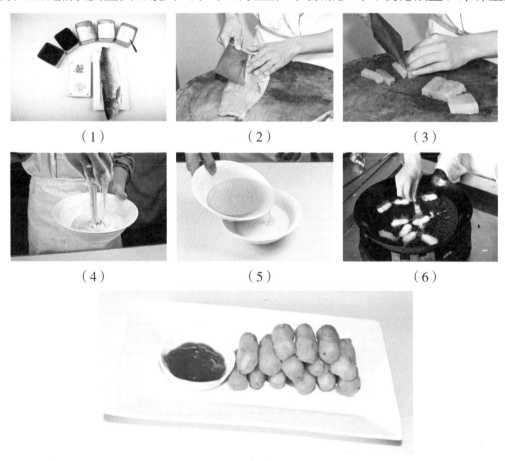

（1） （2） （3）

（4） （5） （6）

（7）

图 6-25 脆皮鱼条的制作

行家点拨

此菜肴鱼条涨发饱满，色泽金黄，大小一致。操作过程中应注意：

1. 刀工处理时应大小一致。

2. 糊要掌握用料比例，厚薄要适度，尤其泡打粉的量要适中。

3. 注意油温，下锅时应控制在五成热左右，炸制时防止油温过高。

4. 拌糊均匀，要使鱼条均匀地挂上糊。

精品赏析

双色鱼条

双色鱼条是将腌渍的鱼条分别挂上原色脆皮糊和加入抹茶粉的脆皮糊，入油锅炸制而成，成菜两种色泽相互搭配（图6-26）。

图6-26　双色鱼条

相关链接

调制脆皮糊时如何使用泡打粉

1. 泡打粉要求在面粉、淀粉、水调匀后加入。

2. 使用量与气温有关，一般调制成糊后静置5分钟左右能产生小气泡即可。

3. 原料投入油锅炸制时能立即浮至油面，成品光滑饱满。如果泡打粉用量不足，则涨发不完全；用量过多，会使成品糊层涨破，导致油与原料直接接触。

拓展训练

一、思考与分析

脆皮糊中可添加哪些原料以使成菜具有独特风味？

二、菜肴拓展训练

根据提示，制作脆炸鲜奶。

工艺流程

原料准备→熬制鲜奶浆→冷冻凝结→改刀成条状→调制脆皮糊→拍粉挂糊→炸制→装盘。

制作要点

1. 鲜奶浆的熬制。

原料：炼乳700克，椰浆800克，三花淡奶800克，鲜牛奶1000克，白糖500克，清水4500克，鹰粟粉400克，脆皮糊适量。

制作：鹰粟粉加800克清水搅匀，锅中加入其余清水烧开，下入炼乳、椰浆、三花淡奶、鲜牛奶、白糖烧开后转小火；将鹰粟粉糊缓缓倒入锅中（边倒边搅，小心不要糊锅），至黏稠成糯糊状时出锅，倒在抹有色拉油的不锈钢托盘。趁热将托盘中的鲜奶浆抹平，晾凉后切成宽约1

厘米、长约 5 厘米的条（熬制时要注意不要太稀或太稠，呈凉粉状即可），拍粉后入调好的脆皮糊中挂匀，放入烧至五成热的油锅中，小火炸至定型，改大火炸至金黄即可。

图 6-27　脆炸鲜奶

2. 脆皮糊的调制。面粉 2000 克、干淀粉 500 克、糯米粉 400 克、吉士粉 400 克、泡打粉 150 克、酵母 50 克调匀做成脆皮粉备用，使用时每 1000 克脆皮粉加 2000 ～ 2500 克清水和 10 克色拉油（主要起使糊酥脆的作用）搅匀即可，如果不透亮可适当加大色拉油的用量。

3. 将原料挂糊后入油锅炸制成菜即可（图 6-27）。

六、拍粉拖蛋液滚面包粉（屑）糊

拍粉拖蛋液滚面包粉（屑）糊常用淀粉（或面粉）、全蛋液、面包粉（也可粘裹芝麻、桃仁、松仁、瓜子仁）等原料调制而成。一般来说，200 克原料需要全蛋液 100 克、淀粉或面粉 20 克、面包粉 100 克。调制时将烹饪原料先用调料腌渍后拍上一层淀粉或面粉，再放入全蛋液中粘裹均匀捞出，最后粘上一层面包粉即可。成菜质地香脆、色泽金黄。多用于香炸类菜肴，如炸虾球、炸鱼排等。

典型菜例　吉利猪排

工艺流程

原料准备→刀工成形→腌渍→拍粉→拖蛋液→粘面包屑→炸制→改刀装盘→跟味碟。

主配料

猪排 250 克，咸面包屑 100 克，鸡蛋 1 个，面粉 50 克。

调料

葱段 5 克，姜片 10 克，绍酒 5 克，精盐 3 克，胡椒粉 2 克，味精 2 克，花生油 1000 克（实耗 100 克），番茄沙司适量（或花椒盐 2 克）。

制作步骤

吉利猪排的制作见图 6-28。

第一步，刀工成形。将猪肉剔去筋络，用刀切成约 0.5 厘米厚的大片，平摊在砧板上，用刀刃排虚刀。

第二步，腌渍。主料放入盘内用葱段、姜片、绍酒、精盐、味精、胡椒粉腌渍数分钟。

第三步，拍粉拖蛋液粘面包屑：鸡蛋磕入碗内，加绍酒 2 克、盐 1 克抓匀，把腌渍后的猪排拍粉后裹上蛋液，两面蘸上面包屑，用手掌揿按之，成猪排生坯。

炉台实战技艺

第四步，炸制。将猪排生坯轻轻按实，待油烧至五六成热时放入猪排生坯，炸至淡黄色捞起。待油七成热时，将猪排再炸一次至金黄色捞起沥油，改刀成条状装盘，带沙司（或椒盐）味碟上桌即可。

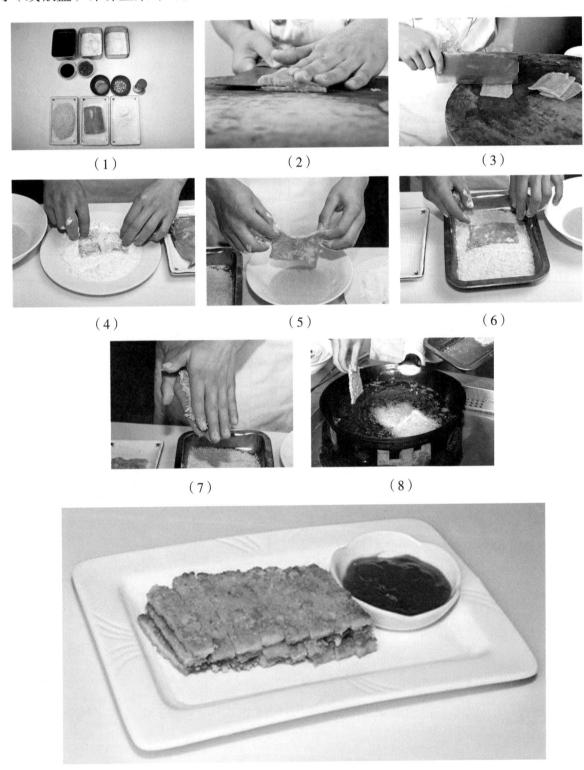

（1）　　　　　　　　　　（2）　　　　　　　　　　（3）

（4）　　　　　　　　　　（5）　　　　　　　　　　（6）

（7）　　　　　　　　　　（8）

（9）

图 6-28　吉利猪排的制作

行家点拨

此菜肴色泽金黄，外脆里嫩。操作过程中应注意：

1. 猪排拍粉时需按紧。

2. 恰当掌握油温，油温过高菜肴易炸焦。

3. 根据顾客的口味不同，菜肴随带小碟上席。

精品赏析

火腿灌汤虾球

火腿灌汤虾球挂的糊与吉利猪排是一样的，都是经过拍粉、拖蛋液、粘面包粉（屑），然后放入油锅中炸制而成。此菜成菜色泽金黄，外酥脆里鲜嫩（图6-29）。

图6-29 火腿灌汤虾球

相关链接

上浆与挂糊的区别

施调方法。上浆是将原料调料等一起调制，使原料表面均匀地裹上一层浆液，要求吃浆上劲；而挂糊是先将面粉、淀粉、蛋液、水等原料调制成糊状，再裹于原料表面，糊液不上劲。

用料、浓度。上浆一般用淀粉、鸡蛋液，浆液较稀；而挂糊除使用淀粉外，还可根据需要使用面粉、米粉、面包粉等，糊液一般较浓。

油温、油量。上浆后的原料一般采用滑油的方法，油温在三四成，油量较多；挂糊后的原料一般采用炸制的方法，油温在五成以上，油量比滑油时多。

成品质感。上浆多用于炒、熘等烹调方法，成菜质感滑嫩；挂糊时原料表面裹的糊液较厚，一般用于炸、熘、煎、贴等烹调方法，成菜质感多为外软里嫩或外酥脆里鲜嫩等。

拓展训练

一、思考与分析

查找使用拍粉拖蛋液滚面包粉的糊种制作的菜例，分析其特点。

二、菜肴拓展训练

根据提示，制作芝麻里脊。

工艺流程

原料准备→刀工成形→腌渍→拍粉→拖蛋液→粘白芝麻→炸制→改刀装盘→跟味碟。

图6-30 芝麻里脊

制作要点

1.里脊肉切成厚片,拍松,用酒、精盐、胡椒粉、蛋、味精、淀粉腌10分钟,将肉片拍粉、拖蛋液、粘白芝麻、轻轻按紧。

2.中火热油至五六成热,将粘满芝麻的肉片投入油锅中炸至金黄色即可捞出,改刀成条状,再配上椒盐、番茄沙司装盘(图6-30)。

任务三　勾芡技巧

主题知识

勾芡就是根据烹调菜肴制作的要求,在原料接近成熟时,将调好的粉汁淋入锅内,以增加汤汁对原料附着力的施调方法。

一、勾芡的作用

第一,能使菜肴鲜美入味。勾芡后汤汁浓稠,能更多地黏附在菜肴表面,使菜肴滋味鲜美。

第二,能使菜肴外脆里嫩。勾芡后汤汁浓稠,不易渗入菜肴内部,有助于质脆菜肴的质感保持。

第三,使汤菜融合,滑润柔嫩。烧、烩、扒菜的汤汁与原料融合,可增加菜肴滋味。

第四,能使菜肴主料突出。勾芡后增加了汤菜的浓度,主料能浮在菜肴表面。

第五,能增加菜肴的色泽,使菜肴更加鲜艳明亮。

第六,勾芡后芡汁裹住了菜肴外壳,能对菜肴起到保温作用。

二、操作要领

第一,在菜肴接近成熟时勾芡。

第二,在汤汁恰当时勾芡。

第三,在菜肴口味、颜色确定时勾芡。

第四,在菜肴油量不多的情况下勾芡。

第五,在粉汁浓度适当时勾芡。

烹饪工作室

一、翻拌法勾芡

翻拌法勾芡是为了使芡汁全部包裹在原料上,适用于爆、炒、熘等烹调方法,多用于旺火速成、芡汁紧包的菜肴。

典型菜例　龙井虾仁

工艺流程

河虾→取虾仁→上浆→滑油→调味→勾芡→出锅装盘。

主配料

活大河虾 1000 克，龙井新茶 1.5 克，鸡蛋 1 个。

调料

绍酒 5 克，精盐 10 克，味精 2.5 克，淀粉 40 克，熟猪油 1000 克（约耗 75 克）。

制作步骤

龙井虾仁的制作见图 6-31。

第一步，将虾去壳，挤出虾仁，换水再洗。这样反复洗三次，把虾仁洗得雪白后取出，沥干水分（或用洁净干毛巾吸水）。

第二步，虾仁放入碗内，加盐、味精和蛋清，用筷子搅拌至有黏性时，放入干淀粉拌和上浆。取茶杯一个，放上茶叶，用沸水 50 克泡开（不要加盖），放 1 分钟，滤出 40 克茶汁，剩下的茶叶和汁待用。

第三步，炒锅上火，用油滑锅后，下熟猪油，加热至三四成热时，放入虾仁，并迅速用筷子划散，约 15 秒后取出，倒入漏勺沥油。

第四步，炒锅内留油少许置火上，将虾仁倒入锅中，并迅速倒入茶叶和茶汁，烹酒，加盐和味精，颠炒几下，即可出锅装盘。

（1）

（2）　　　　　　　　　（3）　　　　　　　　　（4）

（5）　　　　　　　　　（6）　　　　　　　　　（7）

（8）

图6-31　龙井虾仁的制作

 行家点拨

此菜肴色泽洁白、质地鲜嫩爽滑、茶香适口。操作过程中应注意：

1. 虾仁要选鲜河虾，每500克100～120个的比较合适。龙井茶素有"色绿、味甘、香郁、形美"四绝的美誉，是茶中名品。在清明节之前采摘的茶叶被称为"明前龙井"，尤为清香甘美，是茶中极品。

2. 挤出虾肉洗净之后用盐、鸡蛋清和淀粉腌入味。茶泡开之后留取茶叶和部分茶汤备用。先用温猪油滑开虾仁后捞出，再用葱炝锅，放虾仁、茶叶（带茶汤）、料酒，迅速颠炒，勾芡出勺。

3. 调料要少，突出活虾的鲜味和龙井的香味，采用对汁芡，卤汁紧裹。

相关链接

翻拌法常用手法

一是在原料接近成熟时放入粉汁，然后连续翻勺或拌炒，使粉汁均匀地裹在菜肴上。二是将调料、汤汁、粉汁加热，至粉汁成熟变稠时，将已过油的原料投入再连续翻锅或拌炒，使芡汁均匀地裹在原料上。三是先将调料、汤汁、粉汁兑成调味汁芡，再将过油成熟的原料沥油回勺（锅）后，随即把调味汁泼入，立即翻拌，使粉汁成熟且均匀地裹在原料上。

 精品赏析

金秋怡景

墨鱼净肉，剞麦穗形花刀，用绍酒、精盐、姜汁腌制入味，拍上吉士粉待用。选用泰国鸡酱、番茄沙司、食盐、白糖、绍酒、味精、湿淀粉调好兑汁芡。水锅、油锅各一口，将墨鱼投入沸水锅中快速焯烫，捞起后投入八成热的油中炸制，稍爆成熟即可捞出。锅留底油，放入墨鱼，烹入芡汁，旺火快速翻拌出锅装盘（图6-32）。

图6-32　金秋怡景

拓展训练

一、思考与分析

如何才能使芡汁均匀地全部包裹在原料上？

二、菜肴拓展训练

根据提示，制作八宝辣酱。

八宝辣酱是上海著名特色菜，由炒辣酱改良而来。在炒好的辣酱上浇上一个虾仁"帽子"，是对炒辣酱的原料的调整、充实。因用虾仁、鸡肉、鸭肫、猪腿肉、肚子、开洋、香菇、笋片八种主要原料烹制，故称它为"八宝辣酱"。此菜采用翻拌法勾芡，味道辣鲜而略甜，十分入味。

工艺流程

刀工处理→原料焯水→炒辣酱→虾仁滑油→煸炒勾芡成酱。

制作要点

1.猪肉等原料洗净，切成小丁；花生仁热水泡后剥衣。

2.猪肉加葱姜酒等焯至半熟；菱肉、笋丁、花生、豌豆等原锅汤汁焯水；将虾仁略焯备用。

3.锅中热油将葱段爆香，后将辣酱炒至酱香四溢时盛起。

4.锅中热油，先炒虾米、豆干，再入肉丁、豆干、笋丁、菱角、花生、豌豆以及辣酱等，可酌加砂糖炒匀，汤汁少勾芡翻炒后，即盛装出锅，盖上虾仁即可供食（图6-33）。

图6-33　八宝辣酱

二、淋推法勾芡

淋推法勾芡要求汤汁浓稠，汤菜融合，多用于烧、烩等烹调方法制作的菜肴。

典型菜例　文思豆腐

工艺流程

原料准备→刀工成形→焯水→加入清汤→烧沸→勾米汤芡→成菜装盘。

主配料

内酯豆腐一盒约350克，冬笋10克，鸡脯肉50克，熟火腿25克，香菇25克，生菜15克。

调料

盐 4 克，味精 3 克，湿淀粉 25 克。

制作步骤

文思豆腐的制作见图 6-34。

第一步，刀工成形。将内酯豆腐削去边皮，切成细丝，用沸水焯去黄水和豆腥味；把香菇去蒂，洗净，切成细丝；冬笋去皮，洗净，煮熟，切成细丝；鸡脯肉用清水冲洗干净，煮熟，切成细丝；熟火腿切成细丝；生菜叶择洗干净，用水焯熟，切成细丝。

（1）

第二步，汤烧沸。将锅置火上，舀入鸡清汤 200 毫升烧沸，投入香菇丝、冬笋丝、火腿丝、鸡丝、生菜叶丝，加入豆腐丝烧沸。

第三步，勾芡。加入精盐、味精，淋入湿淀粉勾米汤芡，待豆腐丝浮上汤面，即起锅装碗成菜。

（2）

（3）

（4）

（5）

图 6-34 文思豆腐的制作

行家点拨

此菜选料极严，刀工精细，软嫩清醇，入口即化。操作过程中应注意：

1. 要求豆腐、香菇、冬笋、火腿、鸡脯肉、生菜都切成粗细一致的细丝。

2. 采用淋推法勾芡，要求汤汁煮沸后一次性完成勾芡，保证芡汁澄清。

 相关链接

淋推法勾芡的具体方法

淋推法勾芡的具体方法有两种：

一是在原料接近成熟时，一只手持炒勺缓缓晃动，另一只手持手勺将芡汁均匀淋入，边淋边晃，直至汤菜融合为止。常用于整个、整形或易碎的菜肴。

二是在原料快要成熟时，不晃动锅，而是一边淋入芡汁，一边用手勺轻轻推动，使汤菜融合。多用于数量多、原料不易破碎的菜肴。

在烹调过程中，应当根据原料的质地，烹调方法及菜肴成品的要求，灵活而合理地进行芡汁的调制。

精品赏析

开胃羹（淋推法勾芡）

高汤煮沸，加入鸭血、豆腐和皮蛋同煮，沸后撇去浮沫；加入盐和少量胡椒粉以及白醋调好味道；一边搅动一边淋入鸡蛋清，加入香菜；蛋液凝固后勾薄芡，边淋边推均匀，使芡汁明亮；出锅装盆（图6-35）。

图6-35 开胃羹

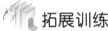 拓展训练

一、思考与分析

如何运用淋推法勾芡使得汤菜融合一致、汤汁浓稠？

二、菜肴拓展训练

根据提示，制作太湖银鱼羹。

工艺流程

选料（银鱼、熟冬笋）→初加工→刀工处理→银鱼沸水锅焯水→捞出沥干→锅中加入鲜汤、下各种用料加热→调味→勾琉璃芡→撒香菜末→装入汤碗。

制作要点

1. 银鱼的选择必须新鲜、配料刀工成形粗细一致。

2. 勾芡时湿淀粉的量要一次性控制好。

3. 此菜要突出鲜嫩、口感润滑的特点（图6-36）。

图6-36 太湖银鱼羹

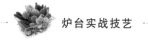

三、泼浇法勾芡

通过泼浇法勾芡可使菜肴汤汁浓稠，增加菜肴的口味和色泽。多用于熘或扒等烹调方法制作的菜肴，对于那些体积大、不易在锅中颠翻、要求造型美观的菜肴，或经过翻锅，容易破碎的菜肴较为适用。具体的方法是将调制好的芡汁均匀地泼浇在原料上即可。

典型菜例 茄汁鱼片

工艺流程

原料准备→刀工成形→腌渍→上浆→滑油→制芡泼浇→成菜装盘。

主配料

净鱼肉200克。

调料

精盐3克，番茄酱50克，白糖20克，米醋10克，绍酒5克，色拉油500克（约耗50克），湿淀粉25克，葱段5克，姜片5克，味精少许。

制作步骤

茄汁鱼片的制作见图6-37。

第一步，刀工成形。剔除鱼骨，斜刀剔去鱼刺，将鱼肉切成长6厘米、宽2.5厘米、厚0.3厘米的长方片。

第二步，腌制上浆。主料用盐、绍酒、味精、葱段、姜片腌制3分钟，用15克湿淀粉上浆。

第三步，滑油。炒锅置旺火上，倒入色拉油，待油温升至三四成热时放入鱼片，加热至鱼片发白时倒出沥油。

第四步，把原锅置火上，加油15克，放入番茄酱、水、白糖，用炒勺不断地搅拌，炒到白糖溶解、番茄酱发亮时加入米醋，用湿淀粉勾芡。最后将芡汁泼浇在鱼片上即成。

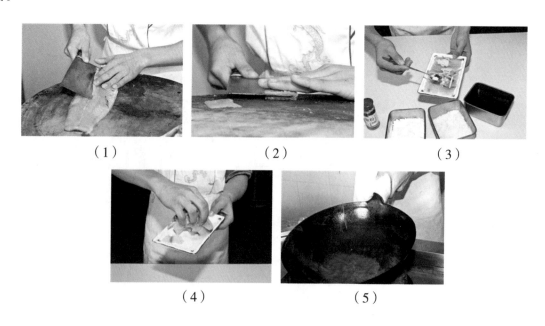

（1）　　　　　　　　（2）　　　　　　　　（3）

（4）　　　　　　　　（5）

（6）

图 6-37 茄汁鱼片的制作

 行家点拨

此菜肴色泽红亮,芡汁均匀略长,口味酸甜适口,质地鲜嫩,片形大小均匀完整、无碎片。操作过程中应注意:

1. 鱼片滑油时要热锅冷油,防止粘底、脱浆。

2. 芡汁厚薄均匀。

3. 甜酸味型适合。

相关链接

勾芡技巧

勾芡虽然是改善菜肴口味、色泽、形态的重要手段,但并非每个菜肴都必须勾芡,应根据菜肴的特点和要求灵活运用。有些菜肴根本不需要勾芡,如果勾了芡,反而降低了菜肴的质量。例如,要求口感清爽的菜肴勾了芡反而影响这些菜肴的质感,如清炒豌豆苗、蒜蓉荷兰豆等;原料胶质多、汤汁已自然稠浓的菜肴也不需要勾芡,如红烧猪蹄等;菜肴中已加入黏性调料的(如黄酱、甜面酱等),也不需要勾芡,如回锅肉、酱爆鸡丁等;各种冷菜要求清爽脆嫩、干香不腻,如果勾了芡反而会影响菜肴的口味。

烹调中还有明油亮芡的要求,即在菜肴成熟时勾好芡以后,再淋入各种不同的调味油,使之融合于芡内或附着于芡上。有对菜肴起增香、提鲜、上色、发亮的作用。使用时两者要结合好,要根据菜肴的口味和色泽要求,淋入不同颜色的食用油,如鸡油(黄色)、辣椒油(红色)、番茄油、香油、花椒油等。

淋油时要注意,一定要在芡熟后淋入,才能使芡亮油明。一次加油不能过多过急,否则会出现泻油现象。由于烹调方法不同,加油的方法也不同。一般熘、炒菜肴,多在成熟后边翻锅边淋入明油。干烧菜是在出锅后,将锅内余汁调入油中调匀后,浇淋于菜肴上面。明油加入芡汁后,搅动颠翻不可太快,避免油芡分离。

 精品赏析

珊瑚里脊

珊瑚里脊就是将里脊肉剞花刀后拍上干淀粉炸制，再采用泼浇法淋浇上茄汁而成（图6-38）。此菜口味酸甜，色泽金黄，造型美观。

图6-38　珊瑚里脊

 拓展训练

一、思考与分析

如何炒好番茄酱并使之色泽明亮?

二、菜肴拓展训练

根据提示，制作西湖醋鱼王。

工艺流程

选料（鳜鱼）→初加工→刀工成形→沸水中煮三分钟→捞出→调汁并浇在鱼身上→成菜装盘。

图6-39　西湖醋鱼王

制作要点

1.鱼肉以断生为度，讲究食其鲜嫩和本味。

2.烹制时用水不用油进行传热，对火候要求非常严格，焯水断生成熟恰到好处。

3.采用泼浇糖醋芡汁的方法勾芡（图6-39）。

烹饪是技术，也是艺术，为生活增添乐趣，让我们一起来跟着视频学烹饪吧!

炸烹里脊丝

 项目评价

糊浆调制评分表

分数	指标				
	用料配比合理	调制方法正确	浓度恰当	调制均匀	清洁卫生
标准分	25分	20分	25分	15分	15分
扣分					
实得分					

注：操作标准时间为5分钟，考评满分为100分，59分及以下为不及格，60～74分为及格，75～84分为良好，85分及以上为优秀。

学习感想

项目七
水烹法

✚ 项目介绍

　　在中式烹调实战技术中，水烹法是常用的烹调方法，我们日常生活中所熟悉的氽、煮、烧、扒、炖、焖、烩、涮、挂霜、蜜汁等都属于水烹法。因此，水烹法是厨房工作人员的重要技能之一。

　　本项目将以典型菜品为例分析水烹法类菜肴的用料、特点、操作要领等相关知识，以及各菜例制作的工艺流程、技术关键等。

✚ 学习目标

1. 了解水烹法的概念与分类。
2. 掌握水烹法菜肴的成菜特点及操作要领。
3. 掌握水烹法菜例的用料、风味特点，尤其应熟练掌握其制作工艺和操作关键。
4. 能按客人的要求烹制水烹法类菜肴。
5. 学会规范操作，养成良好的操作习惯，培养职业素养，注重安全生产等。

任务一 氽

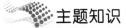

氽是将上浆或不上浆的小型原料放入大量的沸水或沸汤中，运用中火或旺火短时间加热成熟、调味成菜的烹调方法。氽菜汤多而清鲜，质嫩爽口。

氽的操作要领如下。

第一，应选用新鲜细嫩、去皮去骨无筋膜、腥膻气味少的原料。

第二，原料要沸水下锅，加热时间极短，一沸即成。原料一般加工成易于成熟的小型的片、丝、丸子等，要求大小、厚薄一致。

第三，氽制的原料有些要上浆处理。如质嫩、含水量高的原料，在氽制前可进行上浆处理，这样可保持原料的鲜嫩。

第四，调味应在原料投入前或将原料烫好捞出后进行。

第五，氽制菜肴不勾芡。

 烹饪工作室

典型菜例 清汤鱼圆

工艺流程

选料→刀工处理→成形→入水锅氽制→调味→出锅装盘。

主配料

净鲢鱼肉200克，火腿10克，熟香菇1朵，菜心（或豌豆苗）25克。

 想一想

1. 如何判别鱼圆的成熟度？
2. 如何使鱼圆有弹性？

调料

精盐10克，味精3克，姜汁10克，熟鸡油10克。

制作步骤

清汤鱼圆的制作见图7–1。

第一步，将净鲢鱼肉剁成茸（或使用电磨机磨成鱼茸）备用。

第二步，将鱼茸放入碗中，加精盐、姜汁、味精、水搅打上劲。锅中舀入冷水1500毫升，将鱼茸挤成直径为4厘米左右的球状，入锅用中小火渐渐加热氽烫成熟后捞出。

第三步，原汤加热烧开，撇去浮沫，把鱼圆轻轻放入锅中，加精盐、味精及择洗干净的菜心（或豌豆苗），然后盛入品锅，熟火腿片与菜心置鱼丸上面，加入熟香菇，淋上熟鸡油即成。

 行家点拨

该菜汤清味鲜，鱼圆形圆玉润，洁白细腻，大小一致，入口滑嫩而有弹性。操作过程中应注意：

1. 鱼肉要去除鱼骨，漂净血水，排斩细腻均匀。

2. 正确掌握鱼茸放水、加盐的比例。鱼茸和水的比例一般是 1 ∶ 2（即 100 克鱼茸可加水 200 克），根据鱼肉的新鲜度和吸水率有所变化。加盐量为每 500 克鱼圆料（包括加水量）用盐 13 克左右。

3. 鱼茸加水宜分 2 ～ 3 次进行，并顺同一方向不断搅打使鱼茸上劲，保证成菜有弹性。

4.鱼圆在温水锅中烫养成熟，成熟前切忌将水烧开，快速成菜，保证菜肴质嫩而爽口。

相关链接

汆和㸆的区别

汆与㸆，字形十分相似，不少人常将二字混淆。但是，汆与㸆是两种截然不同的烹调方法。

汆字读cuān，上半部是一个"入"字，下半部是一个"水"字。汆是将鲜嫩原料投入沸汤锅中加工成菜的一种烹调方法。用汆制方法制作的菜肴，质地鲜嫩，口味鲜美，一般以咸鲜、清淡、爽口为宜，如汆鸡片、汆猪肝等菜。这种方法特别注重对汤的调制。从汤质上分，有清汤与浓汤之分，用清汤汆制的叫清汆，用浓汤汆制的叫浓汆。同时，所选原料必须细嫩鲜美，如猪里脊肉、鸡脯肉、鱼、虾、贝类等，而老韧或不新鲜有异味的原料，则不宜选用。

㸆字读tǔn，上半部是一个"人"字，下半部是一个"水"字，这种方法是以油为传热介质，将原料投入三四成热的油锅中，用中小火低油温慢慢将原料加热成熟的一种烹调方法，如油浸鲈鱼、油㸆花生、纸包三鲜等菜肴。㸆分为两种方法，一种是着衣㸆，即包炸和软炸；另一种是非着衣㸆，即油浸炸。

精品赏析

竹荪鱼丸

竹荪鱼丸在清汤鱼圆的基础上加以改进，与野生竹荪搭配，成菜色泽洁白，口感鲜嫩，营养丰富，香味浓郁。此菜具有滋补强壮、益气补脑、宁神健体的功效（图7-2）。

图7-2 竹荪鱼丸

小贴士

竹荪是寄生在枯竹根部的一种隐花菌类，形似网状干白蛇皮，有深绿色菌帽，雪白色的圆柱状菌柄，粉红色的蛋形菌托，在菌柄顶端有一围细致洁白的网状裙从菌盖向下铺开，人称"山珍之花""菌中皇后"。

拓展训练

一、思考与分析

1.制作鱼圆时用盐量过多或过少会出现什么情况？

2.汆制菜肴出现汤汁浑浊的原因是什么？

二、菜肴拓展训练

根据提示，制作菜心汆丸子。

结合相关知识，请你在家里尝试制作一道鱼丸菜肴，并让父母品尝。

工艺流程

选料（猪夹心肉）→剁成肉末→调味→搅拌上劲→菜心洗净→锅加水烧沸→挤入肉丸加热成熟并投入菜心→调味→出锅装盘。

制作要点

1. 选用优质的猪夹心肉，剁成肉末，加入精盐、料酒等调味后，用力顺一个方向搅拌上劲。

2. 锅放炉火上，加水烧开，将肉末用手挤成肉丸下锅，撇去浮沫，加热至熟，煮时不能大沸，防止肉丸破碎。

3. 另取锅加热，留底油，煸炒菜心，加清汤快速煮沸，加入精盐、味精，放入肉丸，淋入鸡油，出锅装盘（图7-3）。

图7-3　菜心汆丸子

任务二　煮

 主题知识

煮是将加工后的原料放入清水或鲜汤中，先用旺火烧沸，再转用中小火加热成熟的烹调方法。煮菜具有汤宽、汁浓、味醇等特点。

煮的操作要领有以下几点。

第一，煮菜以原料的本味为主。

第二，有腥膻气味的原料在煮前应进行焯水或过油处理，以去除腥膻气味。

第三，煮菜的汤汁要求一次性加准。

第四，煮制菜肴时要加盖。

第五，煮菜通常是在菜肴起锅前才调味。

烹饪工作室

典型菜例　宁波大汤黄鱼

工艺流程

原料→刀工处理→沸水浸烫→锅中加清汤煮制→调味→成菜装盘。

主配料

大黄鱼750克，冬笋50克，雪菜100克。

调料

绍酒 15 克，姜 10 克，小葱 20 克，精盐 5 克，味精 1 克，熟猪油 40 克。

制作步骤

宁波大汤黄鱼的制作见图 7-4。

第一步，大黄鱼剖洗干净，剁去胸、背鳍，在鱼身的两侧面各剞斜一字花刀；雪菜梗切成细粒，冬笋切丝。

第二步，炒锅置旺火上，下入熟猪油，烧至七成热，投入姜片、葱段煸香，继而推入黄鱼，烹上绍酒煎至两面略黄。

第三步，舀入沸水 750 毫升，改为中火焖烧 8 分钟，烧至鱼眼珠呈白色，拣去葱结，放进笋丝、雪菜和熟猪油 10 克煮制。

第四步，当汤汁呈乳白色时，加精盐、味精调味，出锅装入大碗内，撒上葱段，即成。

（1）　　　　　　　　（2）

（3）　　　　　　　　（4）

（5）

图 7-4　宁波大汤黄鱼的制作

 行家点拨

此菜汤汁乳白浓醇，肉质鲜嫩味美，口味鲜咸合一。操作过程中应注意：

1. 选用新鲜大黄鱼为原料。

2. 鱼入油锅两面略煎，放入沸水煮至汤色乳白后再调味。

3. 煮制时保持汤汁沸腾，采用熟猪油有助于汤色浓白。

大黄鱼和小黄鱼

　　大黄鱼,又叫大黄花鱼,是我国一种重要的经济鱼类,舟山群岛海域是大黄鱼的主要产地之一。每年立夏前后,大黄鱼会在集群产卵时发出叫声。雌鱼的叫声较低,与点煤气灯时发出的咪咪声相似;雄鱼的叫声较高,像夏夜池塘里的蛙鸣。在木帆船生产时,渔民都把耳朵贴在船板上聆听叫声,判断鱼群的大小和密集程度,以及鱼群的深浅,以便进行捕捞。大黄鱼肉质鲜嫩,营养丰富,有很高的经济价值。此鱼鲜食可红烧、清炖、生炒、盐渍等,可烹调出几十种风味各异的菜肴。咸菜大黄鱼是舟山人待客的家常菜。大黄鱼还有很高的药用价值,其耳石有清热去瘀、通淋利尿的作用,膘有润肺健脾、补气止血的作用,胆有清热解毒的功能。

　　小黄鱼又称小鲜,是舟山渔场上产量较高的一种鱼类。小黄鱼外形与大黄鱼相似,但又不属于同一种。小黄鱼比大黄鱼短,一般为15～25厘米。二者的主要区别是:大黄鱼的鳞较小,背鳍起点与侧线间有8～9个鳞片;小黄鱼的鳞较大,在背鳍起点与侧线间有5～6个鳞片。大黄鱼的尾柄较长,其长度为高度的3倍多,而小黄鱼的长度仅为高度的2倍左右。

精品赏析

一品河鲜

　　此菜选用鳙鱼头为主料,配上鱼肉做的鱼圆、火腿卷、菜心为辅料,经大火煮制而成。此菜色泽艳丽,造型美观,汤浓味鲜(图7-5)。

图7-5　一品河鲜

拓展训练

　　一、思考与分析

如何使煮的菜肴汤宽味浓?

　　二、菜肴拓展训练

根据提示,制作大煮干丝。

　　工艺流程

选料→刀工处理→高汤煮制→调味→成菜装盘。

图7-6　大煮干丝

　　制作要点

1.白豆干切细丝,冬笋、火腿、熟鸡脯切丝,豌豆苗取嫩芯、虾仁整形。

2.白豆干丝入水锅焯水去豆腥味,锅中加鸡汤下入豆干丝、笋丝、虾仁,烧开后改小火。

3.加火腿丝、鸡丝,加盐、味精调味后用小火煨制3分钟,加入豌豆苗略滚后即可成菜装盘(图7-6)。

任务三 烧

主题知识

烧是将经过初步熟处理后的原料加入适量的汤水，先用大火烧开，再用中小火烧至入味，最后用大火收稠汤汁的烹调方法。

"烧"通常分为红烧、白烧和干烧三种技法。另外，根据调料和器具的不同有酱烧、葱烧、锅烧等其他多种分类方法。

一、烧的特点

烧制菜肴汁浓、汤少，味型多样，菜质软烂。如红烧海参、干烧鱼。

二、操作要领

第一，烹调过程中以中小火加热为主，时间的长短根据原料的老嫩和大小而不同。

第二，烧制菜肴后期转旺火加热，可勾芡或不勾芡。

第三，成菜饱满光亮，入口软糯，味道浓厚。

烹饪工作室

一、红烧

红烧是指将经过初步熟处理的原料放入锅中，加入有色调味料、适量水，先用大火烧沸，再用中小火烧至入味，最后大火收稠汤汁的烹调方法。成菜色泽红亮、质地软糯、汁浓味厚。

红烧的操作要领如下。

第一，红烧菜肴的原料大多先进行初步熟处理，以去除部分腥膻异味，改变原料表面的质地和色泽。

第二，投放调味料必须准确、适时，并注意投放顺序。

第三，掌握好菜肴的成熟度。

想一想

1.红烧菜在选料上有何要求？

2.哪些原料烧制成菜时可以不勾芡？

典型菜例 红烧肉

工艺流程

原料初加工→刀工成形→入锅调味→旺火烧沸→中小火烧至入味→旺火收汁→出锅装盘。

主配料

猪五花肉 500 克。

调料

白糖 30 克，酱油 20 克，绍酒 30 克，味精 2 克，盐 2 克，葱、姜适量。

制作步骤

红烧肉的制作见图 7-7。

第一步，将带皮的五花肉加葱、姜入冷水锅中焯水，捞出沥干水分。

第二步，将经焯水处理的五花肉改刀成方块。将锅放在旺火上，放入五花肉及葱结、老姜、绍酒、酱油、白糖、盐等调味品，加入清水浸没原料，旺火烧沸后改用小火烧至酥烂，最后用旺火收稠汤汁，拣去葱结和老姜，装盘即可。

（1） （2） （3）

（4）

图 7-7　红烧肉的制作

 行家点拨

此菜色泽红亮，质地酥烂，肥而不腻。操作过程中应注意：

1. 应选择猪的五花肉为原料，刀工处理成块状。

2. 原料入锅后用旺火烧沸，再用中小火烧制入味。

3. 烹调过程中汤汁要一次性加足，注意有色调味品的用量，把握好菜肴的色泽。

4. 适时旋动炒锅，以防焦煳。

相关链接

红烧与白烧的区别

红烧和白烧的区别主要有两个方面：一是初步熟处理的方法不同，红烧的原料多采用过油、走红的方法进行上色处理，而白烧的原料多采用焯水处理，原料不上色；二是调味品的区别，白烧类菜肴不用酱油等有色调味品。

精品赏析

千层肉

千层肉选用新鲜的猪五花肉为原料，加入酱油、料酒、生姜、葱和少许糖等调料，用中小火烧制入味，切成片，叠成宝塔样，宝塔中间放上蒸透入味的霉干菜，再加以点缀装盘。此菜口感酥而不烂，油而不腻，造型颇有创新（图7-8）。

图 7-8 千层肉

 **拓展训练**

一、思考与分析

1.烧过程中上色处理应注意哪些问题？

2.烧制过程中对火力有什么要求？

二、菜肴拓展训练

根据提示，制作红烧划水。

工艺流程

选料（青鱼尾）→刀工成形→用盐、酱油、绍酒等腌渍入味→放入油锅煎至金黄取出→煸炒辅料→放入鱼尾和调味料、水→旺火烧沸后转中小火烧至入味→勾芡→出锅装盘。

图 7-9 红烧划水

制作要点

1.选用青鱼的尾鳍部位。

2.将划水紧贴脊骨剖向尾梢，对剖成两爿，去掉雄爿的脊椎骨，每爿尾肉再直斩3刀，成尾梢相连的4长条，腌制入味待用。

3.锅烧热留底油，将划水皮朝下排齐、下入锅中煎黄，用漏勺捞起。

4.原锅放入葱段和姜片略煸，下笋片、香菇，放入鱼尾、各种调料、清水，旺火烧沸、中小火烧至入味、旺火收浓汤汁。

5.用湿淀粉勾芡淋上明油后，需大翻锅将鱼尾翻身，出锅装盘，大翻时要防止划水断碎（图7-9）。

二、干烧

干烧是指菜肴在烧制过程中先用大火烧开，再用中小火加热并基本收干汤汁，使菜肴见油不见汁的烹调方法。常用泡红辣椒、蒜末、姜末等调料，及猪瘦肉、榨菜等配料。

干烧的操作要领如下。

第一，在投放调味品时应注意先后顺序和投放比例。

第二，各种配料要切成米粒状。

第三，火候要恰当。

第四，旋动炒锅，以防糊底。

典型菜例 干烧中段

工艺流程

原料初加工→刀工成形→入锅调味→旺火烧沸→中小火烧至入味→旺火收干汤汁→出锅装盘。

主配料

草鱼中段 500 克，猪肥瘦肉 50 克。

调料

泡红椒 10 克，葱 3 克，蒜末 3 克，姜末 2 克，精盐 3 克，酱油 6 克，绍酒 10 克，白糖 5 克，味精 2 克，芝麻油 5 克，色拉油 750 克（约耗 75 克）。

制作步骤

干烧中段的制作见图 7-10。

第一步，草鱼取中段，在脊肉上剞上十字花刀，用精盐、绍酒、酱油抹遍鱼肉，腌渍入味。泡红椒、葱、猪肥瘦肉切粒备用。

第二步，锅置旺火上烧热，下入色拉油烧至七成热时，投入鱼煎炸至表皮结壳略黄捞起。锅内留底油 50 克，放入肉粒、蒜末、姜末、红椒粒煸炒出红油，烹入绍酒，加入白糖 5 克、精盐、酱油和清水，再放入鱼烧制。

第三步，旺火烧沸，转中小火上烧至鱼熟且汤汁收干，最后加入味精、葱花，淋上芝麻油即可出锅装盘。

?想一想

1. 烧菜在选料上有何要求？

2. 鱼中段剞十字花需掌握哪些要领？

（1）

（2）

（3）

（4）　　　　　　　　　　　　（5）

（6）

图7-10　干烧中段的制作

 行家点拨

此菜色泽红亮，鱼肉鲜嫩细腻，盘中无汁无芡，见油不见汁。操作过程中应注意：

1. 草鱼中段剞十字花刀时保持1.5厘米的间距，深至鱼骨，并腌制入味。

2. 中段采用过油处理，有助于菜肴的成熟和上色。

3. 原料入锅加调味品后采用旺火烧沸，中小火烧至入味，收干汤汁。

4. 在烧制时要不断旋动炒锅，以防中段结焦煳底。

相关链接

鱼的分档取料

鱼头：以胸鳍为界限直线割下的部分，适用于煮汤。

鱼尾：以臀鳍为界限直线割下的部分，适用于红烧。

中段：去掉头尾即为中段。实际烹调过程中通常把中段沿着脊椎骨一分为二，中段采用带脊椎骨的雄爿，不带骨的雌爿加工成肚档。适用于红烧、干烧。

 精品赏析

干烧白鱼

干烧白鱼选用优质翘嘴白鱼为原料，采用干烧的方法烹制而成，成菜色泽红亮，汁净无芡，爽口不腻(图7-11)。

图7-11　干烧白鱼

 拓展训练

一、思考与分析

如何防止干烧菜肴粘锅变焦?

二、菜肴拓展训练

根据提示，制作干烧鲫鱼。

工艺流程

鲫鱼→初加工→剞花刀→腌渍入味→入油锅煎至两面金黄色捞出→锅中放入泡椒末、姜末、肉末炒出香味→加入鲫鱼、调味料、清水烧制→至汁干油亮时淋上芝麻油→出锅装盘。

制作要点

1.鲫鱼宰杀洗净，在鱼的两面各斜剞三刀，掌握好剞刀的深度和刀距，并腌制入味。

2.锅上火烧热，用冷油滑锅，留底油，下入鲫鱼煎至两面金黄色捞出。

图7-12　干烧鲫鱼

3.锅中放入泡椒末慢慢煸炒出红油，加入姜末煸炒出香味，再加入肉末炒酥，加入鲫鱼、绍酒、酱油、白糖、盐、清水，移至中火上烧5分钟后将鱼翻身，再烧至汁干油亮，淋上芝麻油，装盘即可。

4.烧制时应不时晃动锅子，防止鲫鱼结焦(图7-12)。

任务四　扒

 主题知识

扒是指将经过初步熟处理的原料整齐排放入锅中，加入适量汤汁和调料，用旺火烧沸转中小火加热，待原料成熟入味后勾芡、大翻锅、整齐出锅装盘的烹调方法。根据调味品、加热时间及成菜色泽的不同，可将其分为红扒、白扒、奶油扒、葱扒、蒸

扒、煎扒等。

扒的操作要领如下。

第一，扒的原料须进行初步熟处理。

第二，大翻锅是扒类菜肴所需的高难度技术，原料整齐入锅、整齐出锅是扒的一大特色。

第三，扒制的菜肴大多要勾芡，使汤汁更稠浓，更有光泽。

想一想

扒菜在选料时有何要求？为什么？

烹饪工作室

典型菜例　香菇扒菜心

工艺流程

选择原料→初步加工→初步熟处理→切配→叠码→扒制→成菜装盘。

主配料

菜心300克，水发香菇50克。

调料

盐3克，味精1克，白糖1克，高汤30克，水淀粉15克，食用油50克。

制作步骤

香菇扒菜心的制作见图7-13。

第一步，青菜洗净剥去老叶，根部削尖成菜心，香菇挤干水分去除根部备用。

第二步，锅置火上加入清水，烧开后下入菜心焯水，捞出后马上放入冰水中冷却，捞出沥水。

第三步，锅中放油，烧至六成热时加入整齐摆放的菜心、香菇翻炒，再加入盐、味精、白糖、高汤调味。待汤汁收干时勾薄芡，大翻锅，整齐地装入盘中即成。

小贴士

白扒和红扒有什么区别？

红扒使用有色调味品而白扒不用有色调味品。

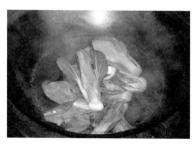

（1）　　　　　　　　（2）　　　　　　　　（3）

（4）

图 7-13　香菇扒菜心的制作

 行家点拨

此菜色泽鲜艳，口味鲜美，装盘整齐。操作过程中应注意：

1. 扒菜一般用高汤。

2. 火候要求严格，菜肴要求入味，采用旺火勾芡。

3. 使用大翻锅，保持菜肴形态完整。

相关链接

扒菜的出锅方法

扒菜的出锅方法有很多种，常用的有拖倒法，即在出锅前将锅转动几下，顺着盘子自右而左地拖入，这样做的目的是保持整齐和美观。还有的将锅内原料摆在盘中呈一定的形状和图案，最后，淋入芡汁出锅装盘。

 精品赏析

葵花素鱼翅

葵花素鱼翅选用干黄花菜为主料，用温水泡软，拣去硬梗，按头尾顺序排齐，梳成细丝；经挂糊、炸制后整齐地放入锅中，加素高汤、调料烧制成熟入味。勾芡、淋入芝麻油、整齐出锅装盘，以冬笋制作的葵花肉围边。成菜色泽鲜艳，口味鲜美，整齐美观（图7-14）。

该菜以干黄花菜代替鱼翅制作菜肴，体现了保护自然和生态环境、注重生态文明建设的思想，有利于促进可持续发展。

图 7-14　葵花素鱼翅

拓展训练

一、思考与分析

1. 大翻锅应掌握哪些要领？

2. 扒菜装盘时如何保证菜肴整齐？

二、菜肴拓展训练

根据提示，制作冰糖扒蹄。

工艺流程

选料（猪蹄髈）→焯水→放入水锅并加调味料→大火烧开→中小火加热至熟烂→旺火收稠汤汁→调味→出锅装盘。

制作要点

1. 选用新鲜猪蹄髈，去净细毛，刮净污物，清洗焯水备用。

2. 另用一口炒锅，底下垫上竹垫，放入焯过水的蹄髈，同时加入绍酒、酱油、冰糖、盐、葱、姜、高汤，大火烧开，转入中小火炖至熟烂，再用旺火收稠汤汁，拣去葱、姜装入大盘中。

3. 菜心烫熟，调味，均匀地排在蹄髈周围（图7-15）。

成菜色泽红亮，质地酥烂，口味咸甜。

图7-15 冰糖扒蹄

任务五 炖

 主题知识

炖是指将经过初步熟处理的原料放入陶制器皿中，加水或汤汁，用旺火烧沸后转小火或微火加热成菜的烹调方法。

炖的操作要领如下。

第一，原料要进行焯水，并且要洗干净。

第二，最好选用陶瓷器皿。

第三，汤汁最好一次性加足。

第四，临起锅前再调准口味，上菜时锅内保持沸腾。

烹饪工作室

典型菜例　笋干老鸭煲

工艺流程

原料准备→初步加工→焯水处理→炖制→调味→成菜装盘。

主配料

老鸭1只（约1500克），笋干200克，净火踵1只（约300克）。

调料

葱结30克，姜块15克，精盐10克，味精3克，绍酒15克。

制作步骤

笋干老鸭煲的制作见图7-16。

第一步，初步加工。先将老鸭宰杀、洗净；笋干浸泡、洗净。

第二步，焯水处理。将鸭放入沸水中焯水后捞出，然后沥干水分。

第三步，炖制。把老鸭和笋干、火踵、葱结、姜块一起放入砂锅中，用微火炖4～5小时。

第四步，调味、装盘。加入味精、精盐等调料即成。

（1）　　　　　　　　　　（2）　　　　　　　　　　（3）

（4）　　　　　　　　　　（5）

图7-16　笋干老鸭煲的制作

 行家点拨

此菜肴油而不腻，香气扑鼻、汤清味鲜，形状完整。操作过程中应注意：

1. 在宰杀鸭子时不可将鸭整体形状破坏，防止鸭子在长时间煮制后改变其原有形状。

2. 要掌握时间和火力，成菜酥而不烂。

3. 最后加入调味品时要适量，最重要的就是突出笋干老鸭煲的本味。

相关链接

炖分为不隔水炖、隔水炖和蒸炖三种。

不隔水炖法。将原料在开水内烫去血污和腥膻气味，再放入陶制的器皿内，加葱、姜、酒等调味品和水（加水量一般比原料稍多一些，如 500 克原料可加 750～1000 克水），加盖，直接放在火上烹制。烹制时，先用旺火煮沸，撇去浮沫，再移微火上炖至酥烂。炖煮的时间，可根据原料的性质而定，一般为两三个小时。

隔水炖法。将原料在沸水内烫去腥污后，放入瓷制或陶制的钵内，加葱、姜、酒等调味品与汤汁，用纸封口。将钵放入水锅内（锅内的水须低于钵口，以沸水不浸入为度），盖紧锅盖，使锅不漏气，以旺火烧，使锅内的水不断沸腾，大约 3 小时即可炖好。这种炖法不易使原料的鲜香味散失，制成的菜肴香鲜味足，汤汁清醇。

蒸炖。把装好原料的密封钵放在沸滚的蒸笼上蒸炖的，其效果与不隔水炖基本相同，但因蒸炖的温度较高，必须掌握好蒸的时间。蒸的时间不足，会使原料不熟并减少香鲜味道；蒸的时间过长，则会使原料过于熟烂并散失香鲜滋味。

精品赏析

金华骨头煲

金华骨头煲选用金华地方土猪的筒骨为原料，用大砂锅炖制，并配以猪仔排、火腿片、净冬笋、水发海菜、青菜、千张结等配料。成菜醇香味鲜，风味独特（图 7-17）。

图 7-17　金华骨头煲

拓展训练

一、思考与分析

如何使炖制的菜肴汤汁清醇、香味浓郁？

二、菜肴拓展训练

根据提示，制作清汤越鸡。

工艺流程

选料（越鸡 1 只）→初加工→焯水去血污→鸡入砂锅，加水烧沸，去浮沫→改小火炖制 1 小时→鸡取出放入品锅，倒入原汤→火腿片、菜心、香菇排列于鸡上→加入精盐、绍酒、味精调味→大火蒸 30 分钟→成菜。

制作要点

1.将鸡放入品锅蒸时背朝下放。

2.选用绍兴当地饲养的食用越鸡（图 7-18）。

图 7-18　清汤越鸡

任务六 焖

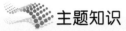**主题知识**

　　焖是指将经过初步熟处理的原料，加入酱油、糖、葱、姜等调味品和汤汁，用旺火烧开（加盖）后转小火较长时间加热焖制入味，再转旺火收浓汤汁的烹调方法。

　　焖的操作要领如下。

　　第一，焖多选用富含胶原蛋白、形状较完整的动物性原料。

　　第二，焖菜使用的火候分三个阶段，分别是旺火、小火、旺火。

　　第三，一般分两个步骤调味：一是初步调味，二是确定口味。

　　第四，焖菜的汤汁要浓稠。

烹饪工作室

典型菜例　干菜焖肉

工艺流程

原料准备→刀工成形→焯水→炒→蒸制→装盘。

主配料

带皮猪肋肉 400 克，干菜 60 克。

调料

白糖 40 克，八角 1 粒，桂皮 1 小片，绍酒 5 克，酱油 25 克，味精 1.5 克，葱结 30 克，姜块 15 克。

制作步骤

干菜焖肉的制作见图 7-19。

　　第一步，刀工成形。将猪肋肉洗净，切成 2 厘米大小的长方块；干菜浸泡回软。

　　第二步，焯水处理。将猪肉放入沸水锅中焯水，加葱结、姜块去除血污，用冷水冲净。

　　第三步，焖制。往炒锅内舀入清水 250 克，加酱油、绍酒、八角、桂皮，放进肉块，用旺火煮 10 分钟，将干菜、白糖入锅，改用中火烧熟至卤汁将干时，拣去八角、桂皮，加入味精，起锅。

　　第四步，蒸制。备扣碗一只，先用少许干菜垫底，然后将肉块皮朝下整齐地排列在扣碗内，再把剩下的干菜盖在肉上，加入绍酒，上蒸笼用旺火蒸 2 小时左右，至肉酥糯时取出，扣于盘中即成。

（1）

（2）　　　　　　　　　（3）　　　　　　　　　（4）

（5）　　　　　　　　　（6）　　　　　　　　　（7）

（8）

图 7-19　干菜焖肉的制作

行家点拨

此菜肉色枣红，油润不腻，干菜咸鲜甘美，猪肉香酥绵糯。操作过程中应注意：

1. 要选择洁净、鲜嫩的干菜。

2. 肉切成形状、大小一致的方块，焯水洗净，先焖后蒸。

3. 用旺火蒸 2 小时左右，至肉酥糯。

 相关链接

东坡肉的典故

宋朝苏东坡（1037—1101 年）被贬到黄州时，常常亲自烧菜与友人品尝。苏东坡以烹调红烧肉最为拿手。他曾作诗介绍他的烹调经验：慢着火，少着水，火候足时它自美。不过，烧制出以他的名字命名的"东坡肉"，据说还是他第二次回杭州做地方官时发生的一件趣事。

那时西湖已被葑草湮没了大半，苏东坡上任后，发动数万民工除葑田，疏湖港，用挖起来的泥堆筑了长堤，并建桥以畅通湖水，使西湖秀容重现，又可蓄水灌田。这条堆筑的长堤，既改善了环境，又为群众带来了水利之益，还为西湖增添了景色，后来形成了被列为西湖十景之首的"苏堤春晓"。

当时的老百姓感激苏东坡为地方办了这件好事，听说他喜欢吃红烧肉，到了春节都不约而同地给他送猪肉以表心意。苏东坡收到那么多的猪肉，觉得应该同数万疏浚西湖的民工共享才对，就叫家人把肉切成方块，用他的烹调方法烧制，连酒一起，按照民工花名册分送到每家每户。他的家人在烧制时，把"连酒一起送"领会成"连酒一起烧"，结果烧制出来的红烧肉，更加香酥味美，食者盛赞苏东坡送来的肉烧法别致，香嫩可口。一时间众口赞扬，趣闻传开，当时向苏东坡求师问教的人中，除了来学书法和写文章的外，还有来学烧东坡肉的。此后每年农历除夕夜，民间家家户户都制作东坡肉，相沿成俗，用来表示对他的怀念之情。东坡肉现在已成为杭州的一道传统名菜，"楼外楼"效法苏东坡的方法烹制此菜，供应于世，并在实践中不断改进，遂流传至今。

精品赏析

陆羽茶香肉

陆羽茶香肉以金华"两头乌"猪肋条肉为主料，经氽煮定形，再用直刀切成大小均匀的方块，与全发酵茶"九曲红梅"和醉枣搭配。此菜既沿用了传统东坡肉的制法，又发挥了红茶、醉枣的醇香，有助于消化。成菜色泽红亮，味醇汁浓，酥烂而形不碎，香糯而不腻口，并且茶香味较浓，品尝时齿间留香，茶味萦绕（图7-20）。

图7-20　陆羽茶香肉

拓展训练

一、思考与分析

如何使焖制的菜肴酥烂软糯、汁浓味厚？

二、菜肴拓展训练

根据提示，制作锅烧河鳗。

工艺流程

选料（活河鳗）→初加工→初步热处理→刀工成形→放入锅内→调味→加盖焖制→大火收汁→淋油装盘。

图7-21　锅烧河鳗

制作要点

1.河鳗烫泡要注意水温，以能去除黏液为宜。

2.要掌握该菜成熟度和口味特色，成菜质地要求酥烂。

3.河鳗加热要防止粘锅烧焦（图7-21）。

任务七 烩

主题知识

　　烩就是将加工成片、丝、丁等形状的各种原料放入锅中，加入鲜汤及调味品，用旺火短时间加热成熟后勾薄芡，使汤、菜融为一体的烹调方法。具体做法是将原料投入锅中滑油或在沸水锅焯水后，放入锅内加水或浓汤，用旺火加热成熟，然后加入芡汁勾芡，如清烩鱼丝、宋嫂鱼羹等。

一、烩的特点

　　用料多样，色彩丰富，汤宽汁厚，口味鲜醇。

二、操作要领

　　第一，烩菜应选用易熟的原料，或经过初步熟处理后的半成品原料。

　　第二，原料加工成片、丝等小型形状，掌握好加热时间。

　　第三，鲜汤是烩菜的主要调料，要根据原料的性质、成菜的特点有选择性地使用各种鲜汤。

　　第四，烩菜通常勾薄芡，使汤菜融合，口味鲜醇。

烹饪工作室

典型菜例 清烩鸡丝

工艺流程

原料准备→刀工成形→上蛋清浆→滑油→烩制→成菜装盘。

主配料

生净鸡脯肉 200 克。

调料

精盐 4 克，味精 4 克，绍酒 5 克，鸡蛋清 15 克，湿淀粉 25 克，鲜汤 200 克，色拉油 1000 克（约耗 50 克）。

制作步骤

清烩鸡丝的制作见图 7-22。

　　第一步，刀工成形。将鸡脯肉加工成 6 厘米长、0.2 厘米见方的细丝。

　　第二步，腌渍、上浆。先将盐、绍酒等调料与鸡蛋清、湿淀粉调成浆，然后将鸡丝放入粉浆中拌匀，抓拌上劲。

第三步，滑油。锅置旺火上烧热，用油滑锅后，放入色拉油烧至四成热，将鸡丝下锅迅速用筷子划散，色泽转白后倒入漏勺沥去油。

第四步，烩制。锅置中火上，加鲜汤 200 克煮沸。再加入精盐、绍酒调味，用湿淀粉勾薄芡，倒入鸡丝拌匀，出锅装于烩菜盘中。

（1）

（2）　　　　　　　（3）　　　　　　　（4）

（5）　　　　　　　（6）　　　　　　　（7）

（8）

图 7-22　清烩鸡丝的制作

行家点拨

此菜肴鸡丝粗细均匀，色泽洁白，芡汁厚薄均匀，口味咸鲜，半汤半菜。操作过程中应注意：

1. 鸡丝要切得长短、粗细一致，并要顺丝切。

2. 滑油时油温控制在四成热左右。

3. 勾芡要注意厚薄，使之形成半汤半菜。

相关链接

大杂烩

用多种菜合在一起烩制的菜，也比喻把各种不同的事物胡乱拼凑在一起的混合体。有李鸿章大杂烩、什锦大杂烩、四川大杂烩、真味大杂烩、罗汉斋等名菜。成菜五颜六色，鲜香味浓，色艳味美。

精品赏析

红酒烩鸡

红酒烩鸡是一道法国名菜，主要食材是鸡肉，主要配料是红酒，成品酒香浓郁，咸鲜醇厚，略有回甘（图7-23）。

图7-23　红酒烩鸡

拓展训练

一、思考与分析

如何掌握好烩菜的勾芡？

二、菜肴拓展训练

根据提示，制作莼菜银鱼羹。

工艺流程

选料（莼菜、银鱼、香菜、火腿）→刀工成形→清汤烧沸→调味→勾芡成菜。

制作要点

1.将香菜切末，火腿切末。

2.锅内添水烧开，下入莼菜、银鱼，加盐调味，用淀粉勾芡，淋入蛋清，撒上火腿末、香菜末，滴入香油即可（图7-24）。

图7-24　莼菜银鱼羹

任务八　涮

主题知识

涮是食用者将加工成薄片状或自然小型的原料放入沸腾的汤水中（一般指用火锅、涮锅等）加热断生，随即蘸上调料进食的一种烹调方法。

一、涮的特点

涮的特点是原料质地鲜嫩、汤鲜味美、味型多样、自烫自食、形式自由。

二、操作要领

在涮菜中，涮烫的时间长短，是由主料成形的厚薄和质地决定的，所以操作过程中要注意：

第一，原料要选易熟的新鲜原料，禽畜肉类如羊肉、牛肉、鸡肉等均须是无骨无刺、无皮无筋、新鲜细嫩的净料；植物性原料可选用白菜、菜心、生菜、豆腐、粉丝等为主。

第二，刀工处理讲究薄而匀，以薄片为主，便于涮制一滚即熟。

第三，涮的汤汁（即底锅料）要预先调制，根据需要确定。

第四，涮的佐助调料可事先兑制，随碟上席，也可由食客根据自己的喜好自行调制。

第五，涮制时汤水要沸，时间要短，否则肉质不嫩。

 烹饪工作室

典型菜例　涮羊肉

工艺流程

原料准备→刀工成形→下锅涮烫→调料蘸食。

主配料

羊肉（选绵羊外脊、后腿、羊尾等部位）500克，白菜300克，粉丝300克，海米50克，韭菜花少许。

调料

香菜、腐乳、芝麻酱、卤虾油、米醋、糖蒜、精盐、味精、酱油各适量，鲜汤2500克。

制作步骤

涮羊肉的制作见图7-25。

第一步，将细嫩羊肉切成大薄片；粉丝用水发好，剪断；白菜择洗干净切成片。以上各料分别装入盘中，上桌待用。香菜洗净，切成段。

第二步，把芝麻酱、腐乳、酱油、卤虾油、韭菜花、醋、糖蒜、香菜段分别装入调料碟，供调制蘸料时选用。

第三步，火锅添上鲜汤，放入海米，点火上桌，待锅内汤烧沸后，用筷子夹着羊肉片在锅内涮一下，将涮熟的羊肉片蘸着调味汁吃。

第四步，把白菜、粉丝放入锅内，等白菜、粉丝煮熟时，放入精盐、味精、酱油，捞出即可食用。

（1）　　　　　　　　（2）

图 7-25　涮羊肉的制作

 行家点拨

涮羊肉的原料应确保鲜嫩，肉片厚薄均匀，调料多样味美，涮羊肉质鲜嫩，醇香不膻，涮后即食。此法为即烹即食，别具风格。在操作过程中应注意：

1.要精选材料。涮羊肉的羊肉须选当年或两年内育肥的绵羊，这样才符合肉嫩、不膻、鲜美的风味要求。

2.加工要精细。羊肉一般要将肉头、板筋、脆骨、皮等全部剔尽，再用刀加工成薄片状，要求越薄越好，片片整齐均匀，达到"薄如纸，齐如线，形卷美观"的要求。

3.掌握好涮后调味。涮羊肉的调料和辅料丰富多彩，是其特殊风味的组成部分。调料一般不少于七种，如香油、辣椒油、芝麻酱、卤虾油、腐乳汁、绍酒、特制酱油（加甘草、糖熬成）、香醋，以及细葱花、韭菜花等，分放在若干小碗内，由食用者根据爱好，自取自调蘸食。

另外，食用者在吃的过程中，应先涮肉，蘸着调汁，与辅料同食。当肉快吃完，汤汁肥浓时，下入菜心、粉丝、冻豆腐等，盛入碗内，喝鲜汤，吃蔬菜，就食烧饼，既清口，又鲜香，别有一番风味。

小贴士

正确识别绵羊肉和山羊肉

一看颜色。绵羊肉肌肉呈暗红色，肌肉纤维细而软，肌肉间夹有白色脂肪，脂肪较硬。山羊肉肉色较绵羊肉淡，有皮下脂肪，只在腹部有较多的脂肪，其肉膻味较重。

二看肉上未去净的羊毛形状。绵羊毛卷曲，山羊毛硬直。

三看肋骨。绵羊肋骨窄而短，山羊肋骨宽而长。

相关链接

"涮"是一种特殊的烹调方法，是食用者在餐桌上自烹自食的一种形式，食用者参与烹制符合现代餐饮潮流。北京、内蒙古等地的涮羊肉，以及近年来的重庆火锅、麻辣烫、鸳鸯火锅等都非常盛行。涮羊肉多选用大尾绵羊的外脊、后腿、羊尾等部位，切成薄片，放在火锅沸汤中涮烫，再蘸取备好的芝麻酱、腐乳、韭菜花、葱花、姜丝、虾油等调料，边涮边吃。

涮羊肉，又称"羊肉火锅"（图7-26），在北京、内蒙古等地非常流行，且长盛不衰。涮羊肉起源于元代，满族入关后兴起并盛行。据记载，康熙、乾隆二帝所举办的几次规模宏大的"千叟宴"中都有羊肉火锅，后流传至市肆，由清真馆经营。《旧都百话》云："羊肉锅子，为岁寒时最普通之美味，须于羊肉馆食之。此等吃法，乃北方游牧遗风加以研究进化，而成为特别风味。"

图7-26　羊肉火锅

 精品赏析

四川"鸳鸯火锅"

鸳鸯火锅，原名"双味火锅"，它是以传统毛肚火锅的红汤卤和宴席菊花火锅的清汤卤合并改制而成的创新火锅。这种火锅用铜片隔成两半，造成一个太极图形，一边放清汤卤，一边放红汤卤，入锅烫涮的原料可随人意。它巧妙地将四川传统的红汤火锅和清汤火锅汇于一锅，风味别致，颇有特色。这种太极图锅不仅耐人寻味，更增添了火锅"烫""涮"的文化韵味和饮食情趣（图7-27）。

图7-27　四川"鸳鸯火锅"

 拓展训练

一、思考与分析

试以羊肉火锅为例分析"涮"的特点与操作要领。

二、菜肴拓展训练

根据提示，制作重庆火锅。

工艺流程

原料准备→刀工成形→火锅底料熬制→加入鲜汤→加热汤汁→下料烫制→蘸料食用。

制作要点

1.火锅底料的炒制要先大火后小火，快速炒掉大部分水分，使原料内部的香味和色素等充分渗出。

2.炒制过程中用手勺或锅铲不停地翻动，以使原料受热均匀并避免糊锅。

3.火锅底料中加入的郫县豆瓣主要用于提味，加糍粑辣椒则主要用于提色，不过两者均要慢慢炒干水分，这样才能使其味道和色素充分地溶于油中，增色增香。

4.火锅底料中加入冰糖可以起到"亮"油和汤汁的作用，而加入醪糟汁，则可促使豆瓣和辣椒中的辣味更滋润不燥辣，使香料中的香味充分渗入油中。此外，加入醪糟汁还可起到调和诸味并除去某些香料中的苦涩味的作用。

5.火锅底料中加入香料无疑是为了增香，但香料的用量不可过多，一般按照底料重量的1.8%～2%添加，否则会产生苦涩味，还会使火锅颜色变黑（图7-28）。

图7-28　重庆火锅

任务九　挂　霜

　主题知识

挂霜是将加工处理过的主料放入熬制的糖浆中，裹匀糖浆，冷却后表面出"霜"成菜的烹调方法。

一、挂霜制品的特点

挂霜制品洁白似霜、松脆香甜。

二、操作要领

第一，主料挂糊不宜过薄，炸制时火力不要过旺，避免颜色过深，影响质感。

第二，熬糖时宜用中小火，防止火力过猛，致使锅边的糖液变色变味，失去成菜后洁白似霜的特点。

第三，放入炸好的主料后，同时锅离火口，用手勺助翻散热，并使糖液与主料间相互摩擦粘裹成霜。

烹饪工作室

典型菜例　挂霜花生

工艺流程

原料准备→制熟去衣→熬制糖浆→裹糖冷却→成菜装盘。

主配料

花生仁150克。

调料

白糖50克，水50毫升。

制作步骤

挂霜花生的制作见图 7-29。

第一步，将花生仁放入锅内（不需放油），用中小火将其炒香，取出晾凉后剥去红衣。

第二步，净锅内倒入清水，再放入白糖，待白糖溶化后转中小火，熬至糖浆出现大量密集性气泡。

第三步，倒入炒好的花生仁，快速拌匀，至锅内的糖浆凝固，花生表面挂上白霜后即可出锅装盘。

（1） （2） （3）

（4） （5）

图 7-29 挂霜花生的制作

 行家点拨

此菜肴色泽洁白如霜，口味香甜酥脆。在操作的过程中应注意：

1. 花生制熟可用小火炒、油炸、烘烤等方法。炒制时火不可太大，以免炒焦；炒好后将花生搓去红衣。

2. 熬糖浆时要用中小火，待糖浆开始变为乳白色，大泡转密集小泡，浓稠时即可。

3. 刚出锅的花生吃起来不是很酥脆，待其完全冷却后即可。

4. 如果想要挂的霜再厚一些，可增加白糖的用量。

相关链接

"挂霜"的原理

挂霜是制作冷甜菜的一种烹调方法。由于蔗糖具有较强的结晶性，其饱和溶液经降低温度或使水分蒸发后便会有蔗糖晶体析出。挂霜就是利用这一特性，将蔗糖放入水中，先经加热、搅动使其溶解，成为蔗糖水溶液；然后在持续的加热过程中，水分被大量蒸发，蔗糖溶液由不饱和到饱和；随即离火，放入主料，经不停地炒拌，饱和的蔗糖溶液粘裹在原料表面，因温度不断降低、冷却，蔗糖迅速结晶析出，形成洁白、细密的蔗糖晶粒，看起来好像挂上了一层霜一样。

精品赏析

挂霜腰果

挂霜腰果，采用一种富含营养的干果——腰果作为原料，经熬糖挂霜而成，口感、风味俱佳（图7-30）。

图 7-30 挂霜腰果

小贴士

腰果中含有的维生素和微量元素，能很好地软化血管，对保护血管、防治心血管疾病大有益处。腰果中丰富的油脂可以润肠通便，润肤美容，延缓衰老。经常食用腰果可以提高机体抗病能力。

拓展训练

一、思考与分析

1.“挂霜”的原理是什么？

2.“挂霜”与“拔丝”在熬制糖浆时有什么区别？

二、菜肴拓展训练

根据提示，制作挂霜豆腐。

工艺流程

原料准备→刀工成形→调制面糊→拍粉、挂糊、炸制→熬制糖浆→裹糖冷却→成菜装盘。

制作要点

1.豆腐切2厘米见方的小块，蘸干淀粉。

2.面粉、淀粉（比例为7∶3）调成水粉糊。

3.豆腐拍粉挂糊后，油炸至硬脆结壳。

4.白糖用水溶解后，慢慢熬至稠浓，将豆腐裹匀糖浆，待冷却发白结霜即可装盘。

此菜色白似霜，外脆里嫩，深受妇女、儿童的喜爱（图7-31）。

图 7-31 挂霜豆腐

任务十 蜜 汁

 主题知识

　　蜜汁是指将白糖、冰糖或蜂蜜等加清水熬化收浓，放入加工过的主料，再经熬制或蒸制，使之甜味渗透、质地酥糯、糖汁稠浓；或将经汽蒸、水煮或油炸等方法加工后的原料放入用白糖、冰糖、蜂蜜等融合的甜汁中蒸至熟软，扣入盘中，再将甜汁熬浓或用水淀粉勾芡浇淋在主料上成菜的烹调方法。

一、蜜汁制品的特点

　　蜜汁制品的特点是甜度大、汁芡浓、香甜软糯、色泽蜜黄。主要适用于干果品、鲜果品和蔬菜中的根茎类以及肉类等烹饪原料，如莲子、红枣、苹果、山药、芋头、火腿等。

二、操作要领

　　（一）选料要讲究

　　第一，以含酸质的植物性烹饪原料为宜，成菜达到先甜后酸、甜酸混合的效果。

　　第二，在运用甜味调料时，冰糖胜于白糖，蜂蜜也必不可少。

　　第三，亦可用些果汁，如柠檬汁，加少许香精调制蜜汁，可使成菜口味更佳。

　　（二）根据主料的不同质地，灵活运用初步熟处理和烹制方法

　　第一，主料鲜嫩、含水量多，则水的用量要适当减少，蒸的时间也要短些。

　　第二，如主料本身含较多的糖分（如各种蜜饯原料），放入的白糖或冰糖要适当减少。

　　第三，如用山药、红薯、莲藕等作主料时，因其淀粉含量较多，蜜制前需用冷水浸泡出部分淀粉，再进行加热蜜制。

　　（三）甜度适当，不宜过甜

　　制作时宜采用蒸的方法，这样可控制甜度，而且成菜的颜色也较为透亮、美观。

烹饪工作室

典型菜例 蜜汁红枣

工艺流程

原料准备→温水泡软→熬制糖浆→下锅蜜制→成品装盘。

主配料

红枣（干）300克，白芝麻20克。

调料

白砂糖100克，醋10克。

制作步骤

蜜汁红枣的制作见图7-32。

第一步，红枣洗净，用温水泡软，捞出沥净水分。

第二步，锅中放入红枣、白糖和适量开水，大火烧开。待糖溶化，转小火慢熬至糖黏稠。放入芝麻和醋，拌匀，盛入碗中，晾凉即可。

（1）　　　　　　　　（2）　　　　　　　　（3）

（4）

图7-32 蜜汁红枣的制作

 行家点拨

此菜肴色泽鲜亮、饱满甘甜、口感绵软，在制作的过程中应注意：熬煮时火不要太大，特别是到汤汁快收干时，一定要用小火。

（相关链接）

关于"蜜汁"

"蜜汁"是使原料质地软糯、甜味渗透、润透糖汁的一种甜菜烹调方法。蜜汁成品具有糖汁肥浓香甜、光亮透明，主料绵软酥烂、入口化渣的特点。蜜汁的调制需先用糖和水熬成入口肥糯的稠甜汁，再和主料一同加热。由于原料的性质和成品的要求不同，加热的方式有以下几种：

用烧法、焖法。将锅置火上，放少许油烧热，放糖炒化，当糖溶液呈浅黄色时，按规定比例加入清水，烧开，放入经加工的原料，沸后改用中小火烧焖，至糖汁起泡黏性增大，呈稠浓状且主料亦已入味成熟时即出锅。

用蒸法。将加工的原料与糖水一起放入容器内，入笼屉，用旺火烧至上汽后改用中火较长时间加热，蒸至主料熟透酥烂下屉，将糖汁浇入锅内，将主料翻扣盘中，再用旺火将锅内糖汁收至稠浓，浇在盘内主料上。

用火炖法。将糖和适量水放入锅内，烧至糖溶化后，将预制酥烂的主料放入，沸后改用小火慢炖，直至糖汁稠浓，甜味渗入主料内部并裹匀主料时即可。

另外，糖汁中可适当加入桂花酱、玫瑰酱、椰子酱、山楂酱、蜜饯、牛奶、芝麻等。

精品赏析

蜜汁山药

蜜汁山药以山药为原材料，采用蜜汁的烹调方法，不仅丰富了山药的口感、风味，也很好地体现出其独特的营养、滋补等功效（图7-33）。

图7-33　蜜汁山药

拓展训练

一、思考与分析

1.蜜汁的制作方法有哪几种？

2."挂霜"与"蜜汁"两种甜菜制作方法之间有何区别与联系？

二、菜肴拓展训练

根据提示，制作蜜汁酥藕。

工艺流程

原料准备→去皮处理→填塞糯米→入笼蒸制→入炉蒸制→淋芡汁成菜。

制作要点

1.糯米用清水浸泡2～4小时，浸透。

2.莲藕去皮，切下一端，把浸泡好的糯米倒入莲藕的孔中，用筷子捣紧，再把切下的一小段藕用牙签与藕段插住。

3.莲藕加白糖上笼大火蒸1小时左右至熟，取出切成厚片，在盘子里摆好。

4.锅内倒入蒸藕的汁少许，加入白糖、桂花、蜂蜜烧开，后用小火熬制（或勾薄芡）后淋在藕片上（图7-34）。

菜肴特色：藕块粉红透明，香甜似蜜，软糯清润，整齐美观。

图7-34　蜜汁酥藕

小贴士

1. 藕的营养价值很高，富含铁、钙等，以及植物蛋白质、维生素以及淀粉等，有补益气血，增强人体免疫力的作用。

2. 莲藕中含有黏液蛋白和膳食纤维，具有通便止泻、效。

3. 藕含有大量的单宁酸，有收缩血管、止血散瘀的作用。

烹饪是技术，也是艺术，为生活增添乐趣，让我们一起来跟着视频学烹饪吧！

清烩里脊丝

项目评价

水煮法评分表

分数	指标								
	选料合理	刀工处理准确	投料准确	火候恰当	口味适中	色泽恰当	汤汁适宜	操作规范	节约卫生
标准分	10分	10分	15分	20分	15分	10分	10分	5分	5分
扣分									
实得分									

注：考核时间依具体方法而定，考评满分为100分，59分及以下为不及格；60～74分为及格；75～84分为良好；85分及以上为优秀。

学习感想

项目八
油烹法

+ 项目介绍

在中式烹调炉台实战技艺中，油烹法是常用的烹调方法，大家常说的炒菜的"炒"就属于油烹法。除此以外，炸、熘、爆、煎、贴、熠等都属于油烹法。由此可见，油烹法是厨房工作人员的重要技能之一。

本项目将以典型菜品为例，分析油烹类菜肴的用料、特点、操作要领等相关知识，以及各菜例制作的工艺流程、技术要领等。

+ 学习目标

1. 了解油烹法的概念与分类。
2. 掌握油烹法菜肴的成菜特点及操作要领。
3. 掌握油烹法菜例的用料及风味特点，尤其应熟练掌握制作工艺和操作要领。
4. 能按客人的要求，以油为主要传热介质烹制菜肴。
5. 学会规范操作，养成良好的操作习惯和良好的职业素养。

任务一　炒

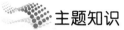 主题知识

从一般意义上讲，炒是将小型原料放在油锅里，旺火，迅速翻拌、调味、勾芡快速成菜的一种烹调方法。

炒的分类方法很多，不同的类型有不同的标准。一般可从以下几个角度分类。

按技法可分为：煸炒、滑炒、软炒。

按原料性质可分为：生炒和熟炒。

按地方菜系可分为：清炒、爆炒、水炒。

一、炒的特点

汁紧芡少，味型多样，质感有滑嫩、软嫩、脆嫩、干香等。

二、操作要领

第一，旺火速成，紧油包芡，光润饱满。

第二，以翻炒为基本动作，原料在锅中不停翻动，多角度受热，同时防止焦煳。

第三，烹制时以油为介质，且炒制时油温要高，以便起到充分润滑和调味的作用。在北方地区，炒制前需要用葱、姜炝锅。

 烹饪工作室

一、煸炒

煸炒是将小型不易碎断的原料，用少量油在旺火中短时间烹调成菜的方法。成菜鲜嫩爽脆、本味浓厚，汤汁很少。

煸炒的操作要领如下。

第一，操作时间短，始终在旺火上翻炒。

第二，讲究"四不"：原料事先不腌渍，不挂糊上浆，不滑油，起锅时一般不勾芡。

典型菜例　香干肉丝

主配料

猪腿精肉 150 克，香干 50 克，小葱 20 克。

调料

绍酒 10 克，酱油 5 克，白糖 3 克，味精 3 克，色拉油 50 克，麻油 2 克。

工艺流程

选料→刀工成形→滑锅煸炒→调味→成菜装盘。

制作步骤

香干肉丝的制作见图 8-1。

第一步，将猪腿精肉切成 8 厘米长、0.2 厘米粗细的丝，香干切成相应的细丝，葱切段。

第二步，炒锅洗净置于火上，用油滑锅后放少量油，加热至五成热时投入葱段煸香，再放入肉丝煸透，然后放入香干丝煸炒。

第三步，烹入绍酒、白糖、酱油煸炒片刻，加入味精，淋上麻油，颠翻出锅装盘。

（1）　　　　　　　（2）　　　　　　　（3）

（4）　　　　　　　（5）

图 8-1　香干肉丝的制作

 行家点拨

此菜色泽红亮、质地干香。操作过程中应注意：

1. 应选择新鲜质嫩的精肉和香干，加工成的丝应长短一致、粗细均匀。

2. 操作中使用旺火热油、高温急炒。

3. 在烹调过程中调味，翻炒均匀，使原料受热一致，快速渗透入味成菜。

1.干煸技法的特点。

干煸原是特殊的地方烹调方法，主要存在于四川地区，也叫"干炒"，是用少量油用中小火较长时间地煸炒，把原料内部的水分煸干，再加入调味料，用锅的热辐射逼迫调味料充分渗入原料的烹调方法。一般用辣豆瓣酱、花椒粉、胡椒面等浓香刺激性调味料，多使用小火加热，口味干香而酥脆，略带麻辣，如干煸牛肉丝。对于干煸有这样的顺口溜"干煸技法不用水，原汁原味营养好，四川风味来调制，只见红油不见汤。"

2.生炒与熟炒的特点。

煸炒根据所选用原料的不同性质可分为生炒与熟炒。生炒一般选用新鲜质嫩的蔬菜原料，或细嫩无筋的动物性原料。熟炒的主料一般选用新鲜无异味的家畜肉及香肠、腌肉、酱肉等肉制品，且需经过初步熟处理，辅料一般选用青蒜、大葱、蒜苗、鲜笋等香辛浓郁的原料。

精品赏析

农家小炒

农家小炒选用农家出产的腌冬菜、野生小竹笋、嫩毛豆粒为原料，经旺火热油快速煸炒制作成菜。菜肴口味咸鲜、香味浓郁，具有独特的农家风味（图8-2）。

图8-2　农家小炒

拓展训练

一、思考与分析

1.什么是煸炒？

2.煸炒的操作要领中讲究哪"四不"？

二、菜肴拓展训练

根据提示，制作榨菜肉丝。

工艺流程

猪肉切丝、榨菜切丝→猪肉丝入锅煸炒至泛白再加入榨菜丝煸炒→调味→出锅装盘。

图8-3　榨菜肉丝

制作要点

1.将猪肉切成8厘米长、0.3厘米粗的丝；榨菜切成丝，用温水洗去咸味，沥干水。

2.煸炒时用中火将猪肉丝煸炒至泛白，再加入榨菜丝进行翻炒调味，成菜装盘（图8-3）。

二、滑炒

滑炒是将经过精细加工的小型原料上浆滑油，再用少量油在旺火上急速翻炒，最后以

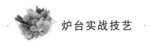

兑汁或勾芡的方法制熟成菜的烹调技法。

滑炒的操作要领如下。

第一，多用鲜嫩的动物性原料，加工成丁、丝、片、粒等小形状。

第二，原料多需上浆，否则极易流出水分，且表面收缩变老。

第三，在低油温中将原料滑油至断生。

第四，菜肴一般勾成薄芡。

典型菜例　滑炒里脊丝

主配料

猪里脊肉 300 克，青椒 50 克，红椒 50 克，鸡蛋 1 个。

调料

精盐 3 克，味精 3 克，料酒 10 克，湿淀粉 30 克，清汤 50 克，色拉油 750 克（实耗 75 克）。

想一想

里脊丝浆好后为什么要静置一会儿？

工艺流程

原料→刀工成形→上浆→滑油→煸炒辅料→调味→勾芡→出锅装盘。

制作步骤

滑炒里脊丝的制作见图 8-4。

第一步，取猪里脊肉 300 克，青椒 50 克，红椒 50 克，鸡蛋 1 个。先将猪里脊用刀批成 0.2 厘米厚的大片，再直刀切成 8 厘米长、0.2 厘米粗细的细丝，青椒、红椒也切成与肉丝相近的细丝备用。

第二步，在里脊丝中加入精盐 2 克、料酒、味精 2 克抓匀，用蛋清、湿淀粉 20 克上浆，静置 30 分钟。

第三步，炒锅烧热，加入色拉油，油温四成热时，下入里脊丝，用筷子划散，待肉丝转白断生时捞出控油备用。

第四步，炒锅留油少许，下入青红椒丝煸炒，加入清汤、盐 1 克、味精 1 克，加热至汤沸时勾薄芡。待芡汁糊化至透明时下入里脊丝，翻拌均匀，淋明油，即可出锅装盘。

（1）

（2）

（3）

（4）

（5）　　　　　　　　　（6）　　　　　　　　　（7）

（8）

图 8-4　滑炒里脊丝的制作

 行家点拨

此菜色泽洁白、质地滑嫩。操作过程中应注意：

1. 选料时应选择质地细嫩的里脊肉和新鲜的青、红椒。

2. 上浆一般在加热前 15 分钟左右进行，动作一定要轻，防止抓碎原料。当浆已均匀分布于原料各部分时，动作再稍快一些，利用机械摩擦促进浆水的渗透。淀粉的用量要适当，以原料加热后在浆的表面看不到肉纹为宜。

3. 滑油时油温一般控制在四成热（120℃）左右。如果温度过高，会使原料的鲜味和水分迅速挥发，质地变老，色泽褐暗。原料应分散下锅或及时划散，以使菜肴清爽利落，不粘连，缩短烹调时间。

4. 烹入芡汁或味汁时，应从菜肴四周浇淋，并待芡汁中的淀粉充分糊化后才能翻炒颠簸，这样才会使芡汁紧裹菜肴，炒菜的油脂也会慢慢亮出。

相关链接

滑炒时为何"粘锅"

1. 锅底不滑润或粘有污垢。

2. 滑锅操作时，没有采用热锅冷油法。

3. 原料冷冻，油温高，锅底热，产生的上推力小。

4. 原料上浆过浓，投料时没有分散下锅，结成团状，而粘入锅底。

5. 油料比例失调，油少而一次投料过多，且没有用筷子迅速推散划开。

精品赏析

水晶虾仁

水晶虾仁选用新鲜大河虾仁为原料，用清水漂净，上浆后在五成热的油锅中划开至成熟，再调味勾芡成菜（图8-5）。虾仁晶莹剔透，脆嫩爽滑，味极鲜美，故称"水晶虾仁"。

图8-5 水晶虾仁

拓展训练

一、思考与分析

使用甜面酱制作菜肴时应注意哪些问题？

二、菜肴拓展训练

根据提示，制作钱江肉丝（滑炒）。

工艺流程

猪里脊肉→加工成丝→腌渍上浆→三四成油温滑油→用甜面酱等调料调味→勾芡→出锅装盘。

制作要点

1. 先选择猪的里脊肉为原料，加工成粗细均匀、长短一致的丝。

2. 肉丝上浆抓捏至发黏发亮，上水粉浆，待原料吃浆到位。

3. 油温控制在三至四成，肉丝下油滑炒转白断生即可。

4. 甜面酱炒至出香，并用葱姜丝垫底（图8-6）。

图8-6 钱江肉丝

三、软炒

软炒又称湿炒、推炒、泡炒，是将主要原料加工成泥茸状后，用汤或水调制成液态状，加米粉（或淀粉）、鸡蛋清、调味料，放入有少量油的锅中炒制成熟的烹调方法。成菜质嫩软滑，味道鲜美，清淡爽口。软炒的典型菜肴有大良炒鲜奶、炒豆泥、芙蓉鸡片、三不粘等。

软炒的操作要领如下。

第一，主料新鲜细嫩，一般加工成泥茸状或流体。

第二，加入淀粉和蛋清，有助于成菜达到凝固状。

第三，油温控制在三成左右，保证菜肴质地软嫩。

典型菜例　芙蓉鱼片

主配料

净鱼肉200克，青椒15克，红椒15克，鸡蛋1个。

调料

姜汁水10克，料酒2克，精盐8克，味精2克，湿淀粉120克，白汤150克，植物油1000克（实耗75克）。

工艺流程

原料→刀工成形→加工成茸泥→温油烫熟→煸炒辅料→调味→勾芡→出锅装盘。

制作步骤

芙蓉鱼片的制作见图8-7。

第一步，净鱼肉去皮，用刀刮取鱼肉，清水漂洗尽血水。用搅拌机将鱼肉打磨成鱼茸，再用细筛过滤。加姜汁水、料酒、精盐、味精、鸡蛋清和清水，搅上劲，再加入湿淀粉和植物油，静置20分钟。

第二步，将炒锅置火上，下油，中火烧至三成热，用手勺将鱼茸分次均匀地成片状舀入油锅，当鱼片浮起时，捞出控净油。

第三步，炒锅留底油，加热，放入料酒、白汤、青红椒片，加精盐、味精，用湿淀粉勾芡。将鱼片倒入锅中，勾上芡汁，淋油出锅即可。

> **？想一想**
>
> 刮鱼泥应从哪个部位入刀刮取？如何去掉鱼肉中的小刺？

（1）　　　　　　　（2）　　　　　　　（3）

（4）　　　　　　　（5）

（6）

图 8-7　芙蓉鱼片的制作

 行家点拨

此菜色泽洁白、质感软嫩。操作过程中应注意：

1. 选用质地鲜嫩、色泽白净的净鱼肉为原料。

2. 为保证细嫩的质感和洁白的色泽，要将原料浸泡去血水。

3. 掌握好原料、水、淀粉、蛋清的比例，准确调味。

4. 要掌握火候，火力过猛易造成焦煳，火力过小不易成熟。

5. 炒制速度要快、轻，不宜多搅动，否则会造成稀花现象。

用顺口溜形容软炒：软炒技法低油温，原料配比是关键。小火慢炒难度大，成形片片似雪花。

相关链接

水炒和抓炒

水炒：又称"老炒"。多用蛋类原料，是以水为传热介质，将原料下锅后经不断搅动炒制成菜的方法。成菜口感细腻、质地鲜嫩，特别适合婴儿和老年人食用。典型菜肴有上海的水炒鸡蛋、河南老炒蛋等。

抓炒：将原料挂糊过油炸熟后，再加调料快炒成菜的方法。其特点为成菜色泽金黄，外焦里嫩，味多酸甜。历史上的"四抓"（抓炒腰花、抓炒里脊、抓炒鱼片、抓炒大虾）成为宫廷菜的典范。从理论上定义抓炒，实质是"脆熘"。需要指出的是，在所有的抓炒菜中，抓炒豆腐是因原料含水量大而采用拍粉手法。

精品赏析

鱼线情

此菜选用新鲜净鱼肉为原料，排斩或用电磨机加工成鱼茸，加盐、料酒、姜汁水、蛋清等原料调制，挤成丝状在温油中加热成熟，用葱丝捆扎后调味勾芡成菜。菜肴色泽洁白、质感软嫩、成形美观（图8-8）。

图8-8　鱼线情

拓展训练

一、思考与分析

如何才能保证软炒菜肴获得软嫩的质感？

二、菜肴拓展训练

根据提示，制作芙蓉鸡片（软炒）。

工艺流程

鸡脯肉、肥膘肉加工成茸→加调味品搅打上劲→加蛋清、湿淀粉调匀→用手勺舀成片放入温油加热成熟→煸炒辅料→勾芡→出锅装盘。

制作要点

1. 鸡脯肉、肥膘肉须去除筋膜，分别切成小型原料，并用清水过滤净血污。

2. 鸡脯肉、肥膘肉排斩（或使用搅拌机）加工成鸡茸，加葱姜汁、绍酒、清水、精盐搅打上劲。再加蛋清、味精、湿淀粉调制，注意鸡茸的稀稠程度。

3. 在达到三成热油温时将鸡茸用手勺舀挖成柳叶片形逐片放入加热，待鸡片缓慢加热成白玉色时，轻轻地倒入漏勺沥油。控制好油温，防止过高，以免鸡片变老，影响色泽。

4. 锅留少许底油，置火上烧热，放入小青菜、香菇煸炒，加调味料，放入鸡茸片，用湿淀粉勾芡，淋明油，颠翻炒锅，装盘（图8-9）。

图8-9　芙蓉鸡片

任务二　炸

主题知识

炸是指将经过加工处理的原料经过腌制、挂糊（或不挂糊），投入到有大油量的热油锅中加热成熟的烹调方法。该方法的用油量之多，超过了其他烹调方法。不管原料体积有多大，如整鸡、整鱼，炸制时必须有足够多的油将其淹没，所以说其为"大油量"；用油炸制时油温控制在150℃～240℃，也称"高油温"。

一、炸的特点

炸的技法以旺火、大油量为主要特点。炸是烹调方法中一个重要的技法，应用的范围很广，既能单独成菜，又能配合其他烹调方法，如熘、烧、蒸等共同成菜。

二、炸的分类

炸可以分为挂糊炸和不挂糊炸两种，其中不挂糊炸又称为清炸，而挂糊炸则根据糊的种类和炸制方式不同，又可分为软炸、香炸、酥炸、脆炸、松炸等。

 烹饪工作室

一、清炸

清炸是将主料直接下中油温的油锅进行炸制的方法。

典型菜例　干炸响铃

工艺流程

原料准备→刀工处理→卷包成形→切段→炸制→成菜装盘。

主配料

泗乡豆腐皮一袋，猪瘦肉 50 克，鸡蛋黄 1 个。

调料

精盐 1 克，绍酒 2 克，味精 1.5 克，色拉油 750 克（约耗 50 克），花椒盐、甜面酱、葱白段各一小碟。

制作步骤

干炸响铃的制作见图 8-10。

第一步，刀工处理。豆腐皮润潮后去边筋，修切成长方形，先取其中一张摊平；将猪瘦肉剁成肉泥，放入碗内，加精盐、

（1）

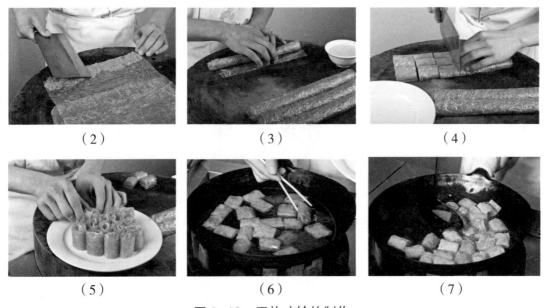

（2）　　　　　　（3）　　　　　　（4）

（5）　　　　　　（6）　　　　　　（7）

图 8-10　干炸响铃的制作

绍酒、味精和蛋黄搅成肉馅，分成五份。

第二步，卷包成形。取肉馅 1 份，放在豆腐皮的一端；用刀将肉馅塌成 3.5 厘米宽，放上碎腐皮边筋；从放肉的一边起将豆腐皮卷成筒状，卷合处蘸上少许蛋黄使之粘牢，如此做成五卷，再切成 3.5 厘米长的段直立放置。

第三步，炸制。锅置中火上，下油加热到 120℃时，将响铃分散放入油锅，用手勺不断翻动，炸至黄亮松脆。

第四步，装盘。将响铃捞出沥油装盘，上桌随带花椒盐、甜面酱、葱白段各一碟。

 行家点拨

此菜肴腐皮薄如蝉翼，成品色泽黄亮，鲜香味美，脆如响铃。操作过程中应注意：

1. 原料要选用泗乡豆腐皮。

2. 包卷时要注意不宜太松或太紧。

3. 炸时油温不宜太高，否则豆腐衣易炸焦；油温太低，则易"坐油"。

相关链接

"炸响铃"的传说

据说，这个菜最初出现时，既不是现在这个形状，也不叫现在这个名称。后来此菜被人赏识，崭露头角，到菜馆酒家赏味此菜的人越来越多。一次，有个英雄豪杰进店专点这个菜下酒，不巧豆腐皮原料刚刚用光。这个人大有不达目的绝不罢休之势，听说原料在泗乡定制，转身出店跃马挥鞭，自己去把豆腐皮取来了。厨师为他如此钟爱此菜所感动，更加精心烹制，并特意把菜形做成马铃状，以纪念他爱菜心切、驰马取料一事。于是，后人称此菜为"炸响铃"。

经过楼外楼厨师烹制而成的"炸响铃"，皮层松脆突出了豆香，里层鲜嫩增添了食欲，特别是食用时再辅以甜酱、葱白屑或花椒盐，就更感香甜可口，风味引人。

 精品赏析

清炸大虾

清炸大虾选用新鲜大虾，剪去虾须，用料酒、精盐腌制入味。将锅洗净，加入洁净植物油，烧至七成热，放入大虾，炸制成熟即可。成菜质地脆嫩，口味鲜美（图8-11）。

图 8-11 清炸大虾

拓展训练

一、思考与分析

1. 炸响铃成品出现"坐油"是什么原因？

2. 在制作过程中应注意哪些问题才能防止成品松散变形？

二、菜肴拓展训练

根据提示，制作清炸菊花肫。

工艺流程

原料准备→刀工处理→腌制→炸制→装盘成菜。

制作要点

1. 准备鸡肫12只（重约300克），虾片10克，酱油2克，味精2克，葱椒盐2克，绍酒10克，番茄酱25克，葱白、姜片各5克，花椒盐2克，熟猪油750克（耗约50克）。

2. 将鸡肫剖开，去肫皮，洗净，平放在墩头上，剔去肫的外皮，将鸡肫用刀交叉剞4/5的深度，放入碗内，加绍酒、酱油、葱椒盐、味精、葱白、姜片，用手抓拌均匀，浸腌10分钟。

3. 炒锅置火上，加入熟猪油烧至六成热，将虾片放入，炸至虾片浮于油面，用漏勺捞起，放入长盘两头。待油温烧至七成热时，将肫花挤去卤水，放入油锅中，炸至花纹显露，用漏勺捞起。待油温八成热时，将肫花放入重炸，起壳时离火，倒入漏勺沥油装盘，花纹向上放入虾片中间，盘的两边分放花椒盐、番茄酱以供蘸食（图8-12）。

图8-12 清炸菊花肫

此风味菜肴花纹显露，形似秋菊，外壳酥脆，肫肉鲜美，佐酒最宜。

二、香炸

香炸是炸菜中的一种普遍运用的技法，它是选用鲜嫩的动物性原料作主料，经刀工处理成片或茸状等，腌渍入味后，再经拍粉、拖蛋液、粘料（面包屑、面包丁、芝麻、椰蓉、松子仁、花生仁等）后用旺火热油炸制成熟的烹调方法。香炸具有脆、香、嫩、鲜的特点，受到顾客的欢迎。

典型菜例　鱼夹蜜梨

工艺流程

原料准备→刀工成形→腌渍→拍粉→拖蛋液→粘面包屑→炸制→成菜装盘。

主配料

草鱼脊肉500克，蜜梨2只，萝卜花1朵。

调料

姜汁水2克，胡椒粉1克，白糖10克，绍酒2.5克，精盐1.5克，味精1克，鸡蛋黄5个，面粉6克，面包屑100克，熟菜油500克（约耗50克）。

制作步骤

鱼夹蜜梨的制作见图8-13。

第一步，刀工成形、腌渍。将草鱼肉用斜刀片成蝴蝶片，加入精盐、绍酒、味精、姜汁、胡椒粉拌渍；将梨去皮切成小薄片，粘上白糖，放在鱼片中间，成鱼夹生坯。

第二步，拍粉、拖蛋液、粘面包屑。鸡蛋磕入碗内加料酒2克、盐1克抓匀，将鱼夹生坯外面挂上面粉、拖蛋黄液，再粘上面包屑，用手掌揿按紧，放入盘中待用。

第三步，炸制。将炒锅放旺火上，下油烧至五成热，把鱼夹下锅炸至变黄，捞出控油。待油温回升后，将鱼夹下锅复炸至金黄色，捞出控油。

第四步，装盘。将炸好的鱼夹装入盘中，带跟味碟上桌即可。

小贴士

1. 拍面粉。使原料外有一层保护层，减少水分损失，保持鲜嫩的口感。
2. 挂蛋液。提供黏附力，增加保护层。
3. 粘面包屑。使菜肴外层香、松、脆。

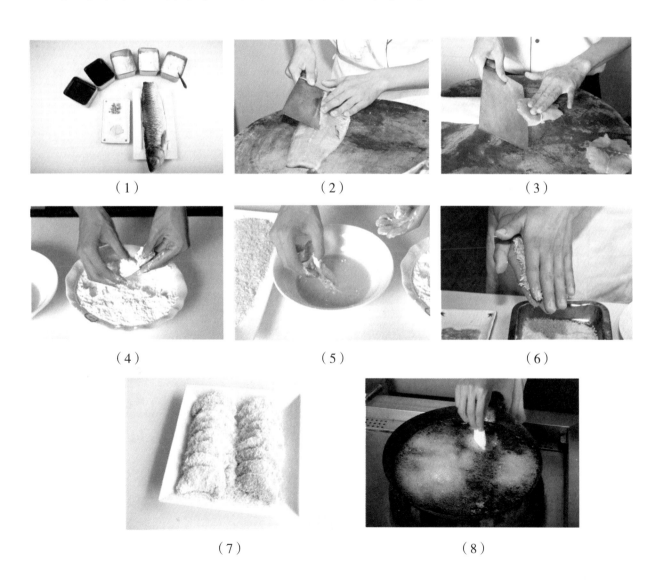

（1）　　　　　　（2）　　　　　　（3）

（4）　　　　　　（5）　　　　　　（6）

（7）　　　　　　（8）

（9）

图 8-13　鱼夹蜜梨的制作

 行家点拨

此菜肴色泽金黄，外酥脆里香甜。操作过程中应注意：

1. 根据菜肴的需要，原料要选用新鲜、少刺的鱼肉制作鱼夹。

2. 拍粉、拖蛋液、粘面包屑要一气呵成，面包屑粘上后要轻轻按揿，以防脱落。

3. 炸制的油温控制在 150℃～180℃，要不停地翻动，防止上色不均匀。

 精品赏析

吉利虾肉卷

吉利虾肉卷与鱼夹蜜梨的烹调方法是一样的，都是拍粉、拖蛋液、粘面包屑香炸而成（图 8-14）。从成菜手法上说，鱼夹蜜梨采用包的手法，而吉利虾肉卷采用卷的手法。

图 8-14　吉利虾肉卷

相关链接

粘料炸的菜品变化

原料	形态	松子	桃仁	瓜子仁	花生仁	芝麻	面包粉	口味
鸡	片（排）卷	松仁鸡排	桃仁鸡柳	瓜仁鸡排	生仁鸡排			咸鲜
	茸（丸）	玉片鸡元		玉片鸡元	长生丸			香辣
鱼	片（排）卷	果仁鱼夹	桃花泛	果仁鱼夹		芝麻鱼条	鱼夹蜜梨	甜咸
	茸（丸）							
肉	片（排）卷		桃仁排		花生肉丸	芝麻里脊	咸吉列卷	鱼香味、怪味等多种复合味
	茸（丸）							
虾	整形					芝麻大虾	香炸虾托	
	球卷				生仁排			
鲜贝	茸（排）整（丸）串	鲜贝串	桃仁鲜贝球	鲜贝串		芝麻贝卷	吉利球	

注：余下空格由学生填上合适的菜名。

拓展训练

一、思考与分析

如何制作面包屑？

二、菜肴拓展训练

根据提示，制作香炸土豆。

工艺流程

原料准备→去皮洗净→蒸熟捣成泥→和成面团→搓条→下剂→包上馅心→拍粉、拖蛋液、粘面包屑→炸制→装盘成菜。

制作要点

1. 土豆去皮，洗净，上笼蒸至熟烂，捣成泥，加入糯米粉、白糖、猪油和成面团，鸡蛋磕入碗中，搅匀成蛋液。

2. 将面团搓成条，每35克切一个剂子，包入豆沙馅，捏严实，搓成球状，放入蛋液中蘸匀，粘上面包屑，放入四成热的油锅中炸至金黄色捞出即可（图8-15）。

图8-15　香炸土豆

三、酥炸

酥炸就是在蒸熟或煮熟的原料外面挂上一层糊或拍上一层干粉，投入高油温的油锅炸制成熟的烹调方法。实际生产中，由于制作要求不同及所用的主料不同而有所差异，但就

其操作方法而言，都是先将主料蒸熟或煮熟后再炸制而成的。

典型菜例 香酥鸭

工艺流程

原料准备→初加工处理→腌渍→蒸制→拍粉→滑油→炸制→成菜装盘。

主配料

肥鸭一只（约重 1500 克）。

调料

干淀粉 50 克，葱、姜（拍松）各 20 克，桂皮 5 克，茴香 3 克，花椒适量，色拉油 3000 克（约耗 100 克），绍酒 5 克，盐 12 克，花椒盐一小碟（约 5 克），番茄沙司一小碟（约 5 克）。

制作步骤

香酥鸭的制作见图 8-16。

第一步，初加工处理。将鸭宰杀后剁去鸭爪、翅尖，剖腹去内脏，用力将鸭胸骨按断，洗净后沥干。

第二步，腌制。先将盐放到干锅中炒热，加入花椒炒出香味，将鸭腹腔内用花椒盐抹擦均匀，然后放入容器内，加入葱、姜、绍酒、桂皮、茴香拌匀，腌制 30～60 分钟。

第三步，蒸制熟烂。上笼蒸至熟烂后取出，沥干水分，拣去花椒、葱、姜、茴香、桂皮。

第四步，拍粉、炸制。将蒸熟、晾干水分的鸭子拍上干淀粉待用；炒锅置旺火上，放入色拉油，加热至八成热时，将鸭放入锅内炸至呈金黄色、表皮酥脆时取出。

第五步，装盘。将炸好的鸭子捞出沥油、改刀装盘，上桌随带一碟花椒盐或番茄沙司。

| （1） | （2） | （3） |

| （4） | （5） | （6） |

（7）

图 8-16 香酥鸭的制作

 行家点拨

此菜肴色泽金黄，酥脆香嫩，香气扑鼻。操作过程中应注意：

1.掌握好原料煮或蒸的程度，要熟烂，但不能熟碎；按原料质地的老嫩程度、形状的大小确定加热的时间；质嫩、型小的原料加热时间可缩短一些。

2.酥炸的原料在炸制前要先进行腌渍，蒸或煮原料时要调好味，不宜过咸。

3.应控制好油温，一般情况下，原料下锅炸制时油量要大、火力要大、油温要高，这样才能形成外层香酥的特点。

4.成品可随带番茄沙司或甜面酱、辣椒酱等辅助调味品一同上席。

 精品赏析

荷香酥鸭

杭州知味观的荷香酥鸭，在保持传统香酥鸭的特点的基础上对调配料和装盘进行了改良和创新，使香酥鸭有了新的卖点。鸭子用荷叶包裹蒸制，成品带有独特的荷叶清香味（图 8-17）。

图 8-17 荷香酥鸭

相关链接

"香酥鸭子"的典故

香酥鸭的特点就在"香酥"两字上。香，香味浓郁，香气扑鼻；酥，酥脆爽口，酥而不油。

1954 年 7 月，周恩来总理在日内瓦会议结束以后，设宴招待瑞士的社会名流。当卓别林吃到四川盐帮菜名厨董俊康做的一道香酥鸭子时，赞不绝口，称之为"终生难忘的美味"。他还向总理提出，希望带一只回家，与家人共享。香酥鸭子成为其生前最喜欢吃的菜品之一。

拓展训练

一、思考与分析

制作香酥鸭前为何要将其胸骨压断？

二、菜肴拓展训练

根据提示，制作香酥鸡腿。

工艺流程

原料准备→腌制处理→入笼蒸制→炸制→改刀装盘。

制作要点

主配料：带皮鸡腿 4 只。

调料：精盐 50 克，花椒 10 克，葱 20 克，姜 10 克，绍酒 5 克，植物油 1500 克。

图 8-18　香酥鸡腿

1. 将带皮鸡腿逐个用精盐、花椒均匀地揉擦，使鸡腿皮上沾上盐和花椒粒，放入盘内撒上绍酒 5 克，腌 1 小时左右。

2. 将姜切片、葱切段放在鸡腿上，连盘端入笼中蒸至九成熟时取出待炸。

3. 炒锅上火，放入植物油 1500 克，烧至六成热时将熟鸡腿逐个放入油锅，炸至皮色金黄时，用漏勺捞出，待油温升至七八成热时，再将鸡腿倒入油锅复炸至金黄色且肉质脆时捞出沥油。

4. 将鸡腿斩成三四大块装盘，盘边放上花椒盐 15 克即可（图 8-18）。

四、脆炸

脆炸就是将经过加工处理后的原料用调味品腌渍，然后挂上脆皮糊入中油温的油锅炸至成熟的烹调方法。

脆炸大多数选用含水量较多、质地较嫩、口感鲜美并去骨的动物性原料，如鸡、鱼、肉、虾、贝类等。植物性原料则通常只选新鲜蘑菇、干香菇等香鲜味较好的原料。常用的脆皮糊是用面粉、淀粉、泡打粉、色拉油等调制而成的。

典型菜例　脆皮火龙果

工艺流程

原料准备→刀工成形→腌渍→挂脆皮糊→炸制→成菜装盘→跟上味碟。

主配料

火龙果 2 个。

调料

面粉 100 克，淀粉 25 克，清水 200 克，泡打粉 25 克，色拉油 1000 克（约耗 70 克），炼乳一小碟。

制作步骤

脆皮火龙果的制作见图 8-19。

第一步，刀工成形。火龙果去壳取肉，将果肉改成长 7 厘米、宽 1 厘米、厚 1 厘米的长条。

第二步，调脆皮糊。将面粉 100 克、淀粉 25 克、清水 200 克、泡打粉 25 克、色拉油 30 克抓匀制成脆皮糊，静放 10 分钟待用。

第三步，炸制。炒锅置中火上，加入色拉油，烧至油温 150℃时，将火龙果均匀地挂上脆皮糊入锅进行炸制，至表皮浅黄酥脆即可捞出沥油。

第四步，装盘。将炸至外脆里嫩的火龙果捞起摆入盘中即成，带跟味碟上桌。

（1）　　　　　　　　　（2）　　　　　　　　　（3）

（4）　　　　　　　　　（5）　　　　　　　　　（6）

（7）

图 8-19　脆皮火龙果的制作

行家点拨

此菜肴火龙果条涨发饱满，光洁透明，风味独特，外脆里嫩。操作过程中应注意：

1. 改刀时应大小一致。

2. 制糊要掌握比例，厚薄要适度，尤其泡打粉的量要适中。

3. 注意油温，炸制时防止油温过高，初炸油温控制在 150℃左右，一次性炸制成熟。

 **精品赏析**

图 8-20 脆炸明虾

脆炸明虾

大虾除头、壳，留虾尾及最后一节壳，从背中间片开，取出虾线，洗净，加入盐、味精、生粉腌至入味；虾球放入脆皮糊中拖裹均匀；净锅上火，倒入油烧至七成热时，用手捏住虾尾，下油锅中炸至香脆且色泽金黄时即成（图 8-20）。

 相关链接

泡打粉

脆皮糊是一个特殊的糊种，它是用面粉、泡打粉、淀粉、水、油等调制而成的。泡打粉是由苏打粉配合其他酸性材料，并以玉米粉为填充剂的白色粉末。泡打粉在接触水分时，酸性及碱性粉末同时溶于水中而起反应，其中一部分会开始释放出二氧化碳（CO_2），在烘焙加热的过程中，还会释放出更多的气体，这些气体会使产品达到膨胀、松软的效果。根据反应速度的不同，泡打粉也分为慢速反应泡打粉、快速反应泡打粉和双重反应泡打粉。快速反应泡打粉在溶于水时即开始起作用，而慢速反应的泡打粉则在烘焙加热过程开始起作用，双重反应泡打粉兼有快速及慢速两种泡打粉的反应特性。一般市面上所采购的泡打粉皆为双重反应泡打粉。泡打粉虽然有苏打粉的成分，但是在经过精密检测后加入了酸性粉（如塔塔粉）来平衡它的酸碱度，所以，虽然苏打粉是碱性物质，但是市售的泡打粉却是中性粉。因此，苏打粉和泡打粉是不能任意替换的。至于泡打粉中作为填充剂的玉米粉，主要是用来分隔泡打粉中的酸性粉末及碱性粉末，避免它们过早反应的。泡打粉在保存时也应尽量避免受潮而提早失效。

拓展训练

一、思考与分析

如何防止脆炸菜肴的糊层"起酥"？

二、菜肴拓展训练

根据提示，制作脆炸冰激凌。

工艺流程

原料准备→刀工成条状→冷冻凝结→脆皮糊的调制→拍粉挂糊→炸制→装盘。

制作要点

将冰激凌切成约1厘米粗细、5厘米长的条后冷冻凝结，拍粉后放入调好的脆皮糊中挂匀，放入烧至四成热的油锅中，小火炸至定型，改大火炸至脆皮即可（图 8-21）。

图 8-21 脆炸冰激凌

五、软炸

软炸就是将质嫩、型小的原料先用调味品腌渍，再挂上蛋清糊后投入中温油的油锅中炸制成熟的烹调方法。

典型菜例　软炸猪肝

工艺流程

原料准备→刀工成形→腌渍→挂软炸糊→炸制→成菜装盘。

主配料

猪肝 200 克，鸡蛋 1 个。

调料

色拉油 1000 克（约耗 75 克），绍酒 10 克，姜末 1 克，葱末 2 克，精盐 2.5 克，味精 2 克，面粉 70 克，干淀粉 30 克，胡椒粉，花椒盐一小碟。

制作步骤

炊炸猪肝的制作见图 8-22。

第一步，刀工成形。猪肝剔净筋，切成片。

第二步，腌制。主料用盐 2 克、绍酒、味精、姜末、葱末腌制 3 分钟。

第三步，调软炸糊。鸡蛋、面粉、淀粉加水调成糊放入猪肝拌和。

第四步，炸制。锅置中火上，加油烧至五成热，把猪肝逐片入锅炸至结壳捞起，拣去碎末，待油温升高，再入锅炸至成熟，捞起沥油。

第五步，成菜装盘。撒上胡椒粉、花椒盐，翻拌均匀，装盘。

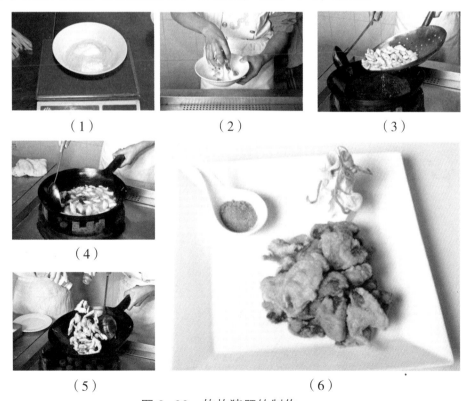

（1）　　　　　　（2）　　　　　　（3）

（4）

（5）　　　　　　（6）

图 8-22　软炸猪肝的制作

 行家点拨

此菜肴色泽淡黄，外香软里鲜嫩，片形大小均匀。操作过程中应注意：

1. 挂糊要厚薄适中，且要均匀。

2. 切肝片刀要锋利，应无肝泥出现。

3. 炸时要控制好油温，切忌油温过高，应掌握在五成热左右。

 精品赏析

软炸明虾

将对虾肉洗净，挑出沙肠，切成段，用盐擦匀后放在碗内，碗内加入料酒、葱丝、姜丝拌和，腌渍入味；将鸡蛋磕在碗内，抽打起泡，加进淀粉调成稠糊；将锅架在火上，加油烧至六七成热，将虾段挂匀蛋糊，投入油锅，用手勺推动，视虾段稍挺、微黄时捞出；然后再将锅内油烧至七八成热，投入虾段快速复炸一下；炸至呈淡黄色、外松软内成熟时捞出，控净余油，配上炸薯条盛在盘内，吃时蘸花椒盐即可（图8-23）。

图8-23 软炸明虾

 拓展训练

一、思考与分析

怎样掌握好软炸的油温，突出成品的要求？

二、菜肴拓展训练

根据提示，制作软炸菜花。

工艺流程

原料准备→腌制→调软炸糊→挂糊→炸制→装盘→带上椒盐上席。

制作要点

1. 把菜花择洗干净，放入锅内加入适量清水，上火煮沸至八成熟时，捞出晾凉，再用刀切成小朵，撒上盐和胡椒面，腌好待用。

2. 把面粉过筛放入盆里，放上牛奶、盐、蛋黄和适量水，混合均匀，调成稠面糊；把蛋清放入另一个盆里抽打成泡沫状后，慢慢倒进和好的面糊里，混合均匀即可。

3. 在炸锅中放入植物油，上火烧至五成热。把菜花放入面糊盆里，粘匀面糊，放入热油里炸至呈浅黄色即可，上桌时浇上黄油少许（图8-24）。

图8-24 软炸菜花

六、松炸

松炸是指将质嫩、型小的原料先用调味品腌渍，再挂上蛋泡糊后投入低油温的油锅炸至成熟的烹调方法。

典型菜例 细沙羊尾

工艺流程

原料准备→刀工成形→拍上糯米粉→制蛋泡糊→炸制→装盘→跟味碟上席。

主配料

细沙250克,鸡蛋清5个,生猪板油150克。

调料

干糯米粉50克(约耗15克),绵白糖40克,干淀粉30克,熟猪油1500克(约耗75克)。

制作步骤

细沙羊尾的制作见图8-25。

第一步,刀工成形。生猪板油剥去膜,切成长2厘米、宽2.5厘米、厚0.2厘米的长方片(共10片),平摊在砧板上,将细沙制成10颗丸子,每个20克左右,分别放在猪板油片上,然后逐步卷包起来,加入干糯米粉,成馅心待用。

第二步,制蛋泡糊。取大约5个鸡蛋的蛋清,放置于无油无水的不锈钢桶内,用打蛋器或筷子不断搅打直至雪花状,至筷子可插其中不倒或桶翻过来蛋清不落为止,再加入少量的干淀粉拌匀成蛋泡糊。

第三步,炸制。锅放油烧至四成热,用筷子夹豆沙逐个挂上蛋泡糊,轻轻地放入油锅,炸制至淡鹅黄色,捞出沥油,撒少许的白糖即可。

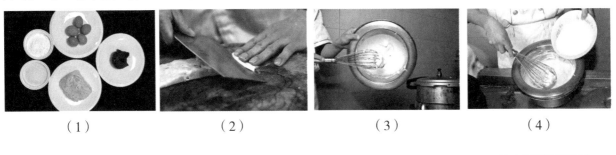

（1） （2） （3） （4）

（5）

（6）

图8-25 细沙羊尾的制作

 行家点拨

此菜肴色泽鹅黄、大小均匀、饱满光洁、外层松绵、里香甜。操作过程中应注意：

1.蛋清要完成抽打成泡，淀粉拌和要适量，加入淀粉后不能搅打，只需轻轻搅匀即可。

2.注意掌握好火候及油温。

3.翻动要及时，炸时要注意色泽，防止出现"阴阳面"。

精品赏析

松炸鱼条

将净草鱼肉改刀成一字条放入碗内，加盐、味精、黄酒、胡椒粉、香油、葱姜水基本调味，腌制备用；将鸡蛋清打入碗内，抽打成泡沫状，加入干淀粉调拌均匀；锅内加色拉油，加热至四成热时将腌制好的鱼条拍粉挂糊下锅炸制，炸至略硬时捞出；待油温回升至六成热时，再将鱼条复炸一下捞出，配椒盐装盘即可（图8-26）。

图8-26 松炸鱼条

相关链接

鸡蛋的营养价值

鸡蛋，是人们最常食用的蛋品。因其所含的营养成分全面且丰富，被称为"人类理想的营养库"。营养学家则称它为"完全蛋白质模式"。据分析，每百克鸡蛋含蛋白质14.7克，主要为卵白蛋白和卵球蛋白，其中含有人体必需的8种氨基酸，且与人体蛋白的组成极为近似。人体对鸡蛋蛋白质的吸收率可高达98%。每百克鸡蛋含脂肪11~15克，主要集中在蛋黄里，也极易被人体消化吸收。蛋黄中含有丰富的卵磷脂、固醇类以及钙、磷、铁、维生素A、维生素D及B族维生素。

鸡蛋是人类理想的天然食品，在吃法上也应注意科学。如将鸡蛋加工成咸蛋，其含钙量会明显增加，可由每百克55毫克增加到512毫克，约为鲜蛋的10倍。还应提醒的是，切莫吃生鸡蛋。有人认为吃生鸡蛋营养好，这种看法是不科学的。

 拓展训练

一、思考与分析

1.思考。

关于调制蛋泡糊时要不要加面粉，以及蛋清、面粉、淀粉的比例的问题，小张有些困惑。有些师傅说应加面粉，有些师傅说只加淀粉更科学，有些则说既要加面粉，又要加淀粉。请你通过操作尝试，体会一下哪种方法更有利于提高菜肴成品的质量，以解答小张的困惑。

2.分析并填写下表。

炸的技法以旺火、大油量、无汁为主要特点。炸是烹调方法中一个重要的技法，应用的范围很广，既是一种能单独成菜的方法，又能配合其他烹调方法，如熘、烧、蒸等共同成菜。下表是对各种炸的总结，请把表格填写完整。

名称	特点		
	外裹物	油温	初处理
软炸	蛋清糊或蛋泡糊	三到四成	质嫩、形小的原料以调味品腌制
卷炸	1.用猪肉皮、蛋皮、腐衣等原料卷成各种形状 2.外表裹上全蛋糊或蛋黄糊	热油定型—温油焐熟—热油复炸至表面酥脆	调味后的原料
脆炸	1.脆皮糊（面粉、淀粉、油和发酵粉） 2.饴糖水	三到四成，复炸六成	

名称	特点		
	外裹物	油温	初处理
包炸	包上糯米纸或耐高温玻璃纸	温油锅	
干炸	拍干淀粉或挂糊	较高油温	
清炸		旺火热油	
香炸	1.黏上干淀粉或面粉，裹蛋液 2.滚上面包丁、芝麻、花生仁等		
油淋		热油淋在原料上	
油浸			调味腌制
酥炸	拍粉或挂糊		蒸熟或煮熟的原料

二、菜肴拓展训练

根据提示，制作高丽哈密瓜。

工艺流程

原料准备→刀工成形→拍上干粉→制蛋泡糊→炸制→装盘→跟味碟上席。

制作要点

1.刀工成形。将哈密瓜去皮，切成1.5厘米见方的块，拍上干淀粉。

2.制蛋泡糊。蛋清抽打成泡沫状，打至泡细、色发白、翻而不会倒出时为好，加入干淀粉轻轻拌匀。

3.炸制。炒锅置小火上，加入色拉油烧至二成热时，将哈密瓜丁逐个挂上蛋泡糊放入油锅中，小火慢炸至鹅黄色时捞起装盘，撒上细糖粉即成（图8-27）。

图8-27　高丽哈密瓜

任务三　爆

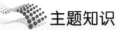 **主题知识**

　　爆是将脆嫩的动物性原料经刀工处理后，投入中等油量的中油温的油锅（150℃～180℃）或沸水、沸汤中用旺火快速加热成熟的烹调方法。根据加热介质的不同、调味品及烹制方法的不同，爆可分为油爆、汤爆、水爆、芫爆、酱爆、葱爆等。爆类菜肴形态美观，质感脆嫩，汁芡紧包，味型各异。

　　第一，原料应选用质地脆嫩易熟的动物性原料，成形以小形状为主。

　　第二，旺火热油，快速爆炒原料至成熟，烹入调味芡汁，紧汁亮油。

 烹饪工作室

一、油爆

　　油爆是将刀工处理后的动物性原料（也可先入沸水略烫，沥干水分），在旺火热油锅中炸至七成熟，再起油锅，将配料煸炒后投入主料，加入调味芡汁，颠翻均匀成菜的一种方法。

　　油爆的操作要领如下。

　　第一，选料。应选择新鲜、脆嫩的动物性原料，并去皮、去骨、去筋膜。常用的原料有肚头、鸡鸭胗、鱿鱼、墨鱼、猪腰等。

　　第二，刀工处理。原料成形应大小相同，剞刀应深浅一致、刀距相等。

　　第三，油温。要求掌握在150℃～180℃，以旺火快速加热成熟。

　　第四，调味。以咸鲜味应用较多，葱、姜、蒜的使用较为常见。

　　第五，勾芡。兑汁芡是油爆的一个特色，成菜要求芡汁紧包，见油不见汁。

典型菜例　爆腰花

工艺流程

原料→初加工→刀工成形→上浆调芡→油爆→勾芡→装盘成菜。

主配料

猪腰200克，水发木耳15克，水发玉兰片75克，姜2克，葱10克。

调料

肉汤50克，盐2克，绍酒15克，蒜2克，湿淀粉15克，色拉油300克（约耗50克）。

 **想一想**

1. 麦穗花刀是如何加工的？

2. 猪腰有哪些营养成分？

制作步骤

爆腰花的制作见图 8-28。

第一步，猪腰去腰臊洗净，在内侧剀上麦穗花刀，改刀成长 4 厘米、宽 2 厘米的小块；水发玉兰片切薄皮，葱切马蹄片，木耳个大的撕碎。

第二步，将猪腰浸在葱姜水中漂去血水，再用盐、绍酒、湿淀粉上浆。

第三步，旺火热油，将腰花投入爆熟，捞出沥干油。

第四步，锅置旺火上，倒入少许色拉油烧热，用葱、姜、蒜煸出香味，投入配料略炒，放入腰花并将调好味的芡汁烹入收汁，淋上明油，翻匀装盘即成。

（1）

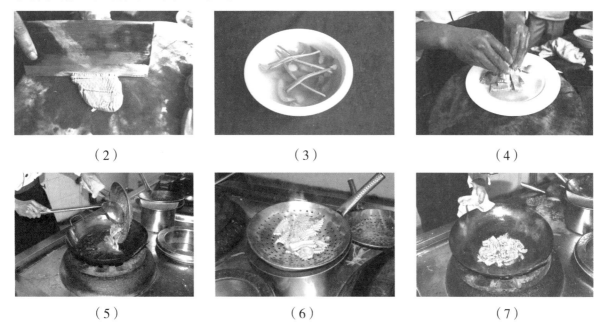

（2）　　　　　　　　　　（3）　　　　　　　　　　（4）

（5）　　　　　　　　　　（6）　　　　　　　　　　（7）

（8）

图 8-28　爆腰花的制作

行家点拨

此菜色泽美观，鲜香脆爽，形如麦穗，质感脆嫩，咸鲜可口。操作过程中应注意：

1.选择新鲜的猪腰为主料，并将猪腰内的腰臊去除干净。

2.剞麦穗花刀时，要从猪腰内侧剞，两次刀纹深度为原料的4/5，刀距0.2厘米，再改刀成长方块。

3.猪腰须上薄浆，用七八成热的高油温旺火速成，烹调时间短。

4.使用兑汁芡，成菜紧芡亮油。

相关链接

油爆与芫爆、酱爆、葱爆的异同

1.芫爆、酱爆、葱爆的烹调过程和油爆相同。

2.不同点是芫爆的配料必须是香菜，即芫荽；酱爆用炒熟的酱类（甜面酱、黄酱）爆炒原料；葱爆就是用葱和主料一同爆炒。

二、汤爆

汤爆是将主料先用沸水焯至半熟放入盛器内，再用调好味的沸汤冲熟成菜的烹调技法。汤爆的操作要领如下。

第一，原料加工成较小的块、片、丝等，或者剞花刀处理。

第二，沸水焯烫，一烫即出锅，以达到去腥的目的。

第三，不易成熟的原料可多冲几次。

典型菜例　汤爆双脆

工艺流程

选料→刀工成形（剞花刀）→水锅烫熟→汤锅调味成菜。

主配料

猪肚尖2个，净鸡肫100克，香菜3克，葱花1克。

调料

绍酒25克，酱油5克，精盐2克，葱姜汁5克，胡椒粉0.3克，味精2克，清汤750克。

制作步骤

汤爆双脆的制作见图8-29。

第一步，将加工处理后的肚尖外面剞上十字花刀，深为肚厚的4/5，改刀为3厘米见方的块。

第二步，另将鸡肫修理整齐后，剞上十字花刀，深4/5，放入碗中待用。

第三步，汤锅内放入清水，置旺火上烧至微沸时先放鸡肫，后放肚尖，一烫立即捞出放入汤碗内，加葱姜汁、绍酒拌匀，

（1）

再撒入香菜末、胡椒粉。

第四步，炒锅内放入清汤、酱油、精盐、葱花、绍酒，置旺火上烧沸，撇去浮沫，加味精、胡椒粉倒入另一个汤碗内迅速上桌。上桌后将主料推入汤内即成。

（8）

图 8-29　汤爆双脆的制作

 行家点拨

此菜色泽美观，质地脆嫩，汤味清鲜。操作过程中应注意：

1. 选用新鲜质嫩的猪肚尖和鸡肫。猪肚尖切开剥去外皮，去掉里面的筋杂。

2. 原料必须剞上花刀。

3. 焯水时动作要快，一烫即出锅，保持脆嫩的质地。

4. 冲熟时，易熟原料一冲即成，不易成熟的要多冲几次。

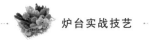

相关链接

汤爆与水爆

相同点：两种烹调方法都是将主料用沸水焯至半熟后捞入器皿内。

不同点：汤爆是用调好味的沸汤冲熟；水爆则是用无味的沸水冲熟，另备调料蘸食。

精品赏析

爆墨鱼卷

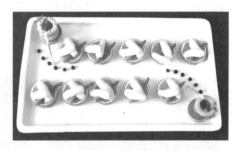

爆墨鱼卷是浙菜菜系中很有特色的菜式之一，以墨鱼为主要原料。将墨鱼宰杀洗净、取净鱼肉后剞麦穗花刀，改刀成长方块；入沸水锅中汆烫后在七成热的油锅中过油处理，再烹入调好的芡汁，使卤汁紧包。成菜呈麦穗状，色白形美，卤汁紧包，脆嫩爽口（图8-30）。

图8-30　爆墨鱼卷

拓展训练

一、思考与分析

1. 哪些油爆的原料需要上浆处理？如何根据不同的原料掌握恰当的油温？

2. 许多爆菜在油锅处理前为何需要在沸水中焯烫？有什么作用？

二、菜肴拓展训练

根据提示，制作蒜爆里脊花。

工艺流程

里脊肉批成1厘米厚片→剞菊花形花刀并改刀成块→腌渍上浆→入三四成热油中滑油至断生捞出→锅留底油放蒜末煸香→倒入里脊肉并烹入调好的芡汁→迅速翻动炒锅→包裹芡汁→出锅装盘。

制作要点

1. 将里脊肉批成1厘米的厚片，一面剞上菊花形花刀，深度须达4/5，再改刀成大小均匀的骨牌块。

2. 里脊块腌渍上浆，取小碗，用精盐、蒜末、味精、湿淀粉和清汤调成兑汁芡，口味须一次调准。

3. 锅置旺火加热，入油至三四成热时，将里脊肉滑油断生倒出，锅留少许底油，下入蒜末煸香，倒入里脊肉，烹入调好的芡汁，迅速翻动炒锅，待芡汁包裹后出锅装盘（图8-31）。

图8-31　蒜爆里脊花

任务四 熘

主题知识

熘，就是将加工处理后的原料，经油炸、滑油、汽蒸或水煮等方法加热成熟，然后将调制好的芡汁浇淋于原料之上，或者将原料投入调制好的芡汁中翻拌成菜的一种烹调方法。

一、熘的种类

熘的烹调方法按照原料加热成熟方法的不同，可分为软熘、滑熘、炸熘三种；按颜色划分，有白熘、红熘和黄熘之分；按味型或所用调料不同，又有醋熘、糖醋熘、糟香熘、果汁熘等，如醋香型（如醋熘白菜）、糖醋味型（如糖醋鱼）、糟香型（如糟熘鱼片）、果汁味型（如果汁豆腐）、咸香型（如滑熘里脊）、荔枝味型（如荔枝肉片）、茄汁味型（如茄汁虾仁）、甜香味型（如蜜汁红果）等。

小贴士

熘在旺火速成方面与炒、爆相似，不同的是熘菜所用的汁芡比炒菜、爆菜要多，原料与明亮的汁芡交融在一起；熘菜的味型多样且较浓厚，一般以酸甜居多；另外熘菜的原料一般为块状，甚至用整料。

二、熘的制品特点

熘的制品特点是口感酥脆或软嫩、味型多样。在餐饮行业中，用熘的技法制成的菜肴一般汤汁较多且明亮黏稠，口味以甜酸居多。

三、操作要领

第一，选料广泛、要求严谨。熘的菜肴用料较广，一般多用质地细嫩、新鲜无异味的生料，如新鲜的鸡肉、鱼肉、虾肉、里脊肉和各种青蔬的茎部等。

第二，刀工精致。一般加工成丝、丁、片、细条、小块等形状。整形原料，如鱼类，则需要剞花刀。

第三，火候独到、芡汁适度。这样才能保持菜肴在口味、质感等方面的特点。

 烹饪工作室

一、脆熘

脆熘，又称炸熘或焦熘，就是将加工成形的原料用调味品腌渍，经挂糊或拍粉后，投入中油温的油锅中炸至松脆,再浇淋或包裹上甜酸芡汁成菜的熘制技法。脆熘菜肴的成品特点是外脆里嫩、甜酸味浓。

脆熘的操作要领如下。

第一,脆熘选料广泛,大多选用鱼、鸡、猪等质地细嫩的原料。

第二,原料在炸制前,必须经过调味品腌渍,再挂上糊或拍上干粉。

第三,炸制时,用旺火热油(油温在六成热以上)炸至原料呈金黄色并发硬。

第四,在原料炸制出锅的同时,要把芡汁也同时调制好,趁原料热时,浇上芡汁,这样才能保持外皮酥脆、内部鲜嫩的特点。

脆熘成品色泽较深,颜色一般可用番茄酱和酱油等来调制,如糖醋里脊、抓炒鸡丝、焦熘黄河鲤鱼、松鼠鳜鱼等。

典型菜例　糖醋里脊

工艺流程

原料准备→刀工成形→腌渍→调制面糊→下锅炸制→勾芡成菜→成品装盘。

主配料

里脊肉(或全精肉)200克,干淀粉50克,面粉50克。

调料

精盐5克,绍酒15克,白糖25克,米醋25克,酱油30克,干淀粉25克,色拉油1000克(约耗50克)。

制作步骤

糖醋里脊的制作见图8-32。

第一步,将里脊批成0.5厘米厚的大片,表面用虚刀轻排,然后改刀成菱形块,放入碗中,加精盐、料酒腌渍。

第二步,碗内加入干淀粉50克,面粉50克,加适量清水调制成水粉糊待用。

第三步,炒锅置中火烧热,下色拉油烧至五成热时,将挂好糊的里脊肉逐块入锅炸约1分钟捞出,待油温升至六成热时,再全部投入复炸1分钟至金黄硬脆时,倒入漏勺沥去油。

第四步,原锅留油少许,加汤水50克,分别加入酱油、白糖、绍酒、米醋等,待汤水沸时,加入湿淀粉勾成厚芡,迅速将里脊肉入锅并颠翻炒锅,待芡汁均匀地包裹里脊肉时,即可出锅装盘。

想一想

1.里脊片采用虚刀轻排的作用是什么?

2.口味为什么甜在前,酸在后?

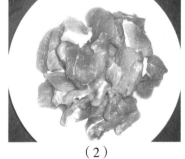

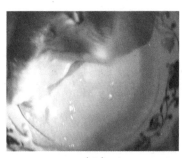

（1）　　　　　　　（2）　　　　　　　（3）

（4）　　　　　　　　（5）　　　　　　　　（6）

（7）

图8-32　糖醋里脊（脆熘）的制作

 行家点拨

此菜肴外脆里嫩，色泽红亮，酸甜味美。操作过程中应注意：

1. 将挂糊的里脊肉于五成油温时入锅炸至结壳。

2. 复炸油温要高，炸至金黄脆硬。

3. 口味甜酸适口，甜在前，酸在后。

二、滑熘

滑熘，即将加工成片、丝、条、丁、粒等小型或剞花刀的原料，经过腌渍、上浆、滑油成熟后，再调制甜酸芡汁勾芡成菜的熘制技法。滑熘菜肴的特点是质地滑嫩，口味以咸鲜为主，如滑熘肉片、滑熘鸡片、滑熘鱼片等。

滑熘的操作要领如下。

第一，滑熘所使用的原料须以无骨的鲜嫩原料为主。

第二，刀工处理方面须加工成片、丝、条、丁、块的小型原料或剞花刀。

第三，须经过调味腌渍后，再用蛋清、淀粉上浆，下入三四成热的油锅中，划散至八成熟。

第四，倒入兑好的芡汁勾芡成菜。

典型菜例　熘鱼片

工艺流程

原料准备→刀工成形→腌渍上浆→下锅滑油→勾芡成菜→成品装盘。

主配料

鲜活草鱼一条（约 700 克），鸡蛋 1 个。

调料

精盐 4 克，绍酒 5 克，白糖 20 克，米醋 20 克，酱油 10 克，湿淀粉 20 克，色拉油 750 克（约耗 30 克）。

制作步骤

熘鱼片的制作见图 8-33。

第一步，将鱼肉去皮，切成长 6 厘米、宽 3 厘米、厚 0.3 厘米的片，加入精盐、绍酒、鸡蛋清，再加入湿淀粉 20 克拌匀上劲。

第二步，锅置中火上烧热，用油滑锅后，加入色拉油，烧至四成热时，倒入鱼片划散，至发白时捞起，沥去油。

第三步，原炒锅置中火上，加入少量水、白糖、酱油、米醋，沸起时用湿淀粉勾芡，放入鱼片，用炒勺轻轻地推匀，淋上明油即成。

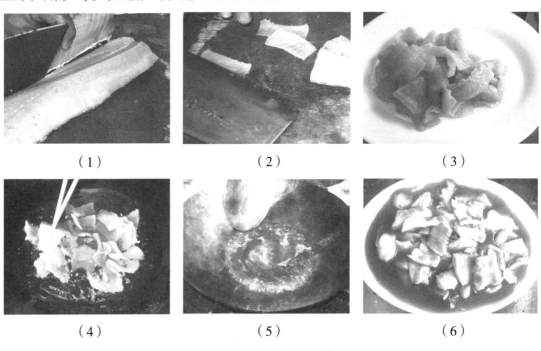

|（1）|（2）|（3）|
|（4）|（5）|（6）|

图 8-33　熘鱼片的制作

 行家点拨

此菜肴色泽淡红明亮，芡汁均匀略长，口味酸甜，鱼片滑嫩。操作过程中应注意：

1. 鱼片滑油时务必掌握好成熟度，以防鱼肉破碎。

2. 口味要求轻糖醋味，色泽要求鱼肉洁白、芡汁粉红。

三、软熘

软熘，就是先将原料水煮或汽蒸成熟，再调制酸甜口味的芡汁浇淋在原料之上的一种熘制技法。成菜特点是芡汁较宽，软滑鲜嫩，酸甜适口，如西湖醋鱼等。

软熘的操作要领如下。

第一，软熘用料必须选择鲜嫩的软性原料。

第二，掌握好煮或蒸的火候，一般以断生为好，欠火则不熟，过火则失去软嫩的特点。

第三，软熘菜肴的颜色既可以是红色的，也可以是白色的；口味既有酸甜味的，也有咸鲜味的。

典型菜例　西湖醋鱼

工艺流程

原料准备→刀工成形→腌渍调味（或不腌渍调味）→下锅氽制→勾芡成菜→成品装盘。

主配料

草鱼1条（约750克）。

调料

酱油75克，白糖60克，米醋50克，绍酒25克，湿淀粉50克，姜末10克。

制作步骤

西湖醋鱼的制作见图8-34。

第一步，将鱼剖杀，去鳞、鳃、内脏，洗净备用。

第二步，将鱼身从尾部入刀，剖劈成雄雌两爿（连脊髓骨的为雄爿，另一爿为雌爿），斩去鱼牙。在鱼的雄爿上，从离鳃盖瓣4.5厘米处开始，每隔4.5厘米左右斜切一刀，共切5刀，深约5厘米，刀口斜向头部，刀距及深度要均匀，第3刀切在腰鳍后0.5厘米处切断。雌爿剖面的脊部厚肉处，从尾至头向腹部斜剞一花刀（深约4/5），不要损伤鱼皮。

第三步，锅内放清水1000克，用旺火烧沸，先放雄前半爿，后半爿盖接在上面，再将雌爿与雄爿并放，鱼头对齐，鱼皮朝上，加盖。待锅水沸时启盖，撇去浮沫，转动炒锅，继续用旺水烧煮约3分钟至熟。将锅内汤水留下250克左右（余汤撇去），放入酱油、绍酒、姜末，即将鱼捞出，鱼皮朝上，两爿鱼背脊拼连装入盘中，沥去汤水。

第四步，锅内原汤汁加入白糖、米醋和湿淀粉调匀的芡汁，用手勺推搅成浓汁，浇遍鱼的全身即成。

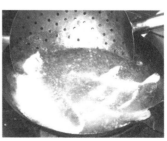

（1）　　　　　　　　（2）　　　　　　　　（3）

（4）　　　　　　　　　（5）　　　　　　　　　（6）

图 8-34　西湖醋鱼的制作

行家点拨

此菜肴色泽红亮，酸甜适宜，鱼肉结实，鲜美滑嫩，有蟹肉滋味，是杭州传统风味名菜。操作过程中应注意：

1. 将鱼饿养 1～2 天，促使其排尽草料及泥土味，使鱼肉结实，以宰后 1 小时左右余制为最佳时间。

2. 剖洗鱼时要防止弄破苦胆。剞刀时，刀纹间隔、深度要均匀一致。

3. 余鱼要沸水下锅，水不要漫过鱼鳍，不能久滚，以免肉质老化和破碎。

4. 勾芡要掌握好厚薄，应一次勾成。

5. 调味正确，口感要先微酸而甜，后咸鲜入味。

？想一想

1. 做好西湖醋鱼，你认为最关键的是什么？为什么？

2. 西湖醋鱼的口味特点与烹调要求是什么？

3. 制作西湖醋鱼为什么不放味精？

相关链接

熘的烹调技法

"熘"，即"溜"也，北方烹调术语，近乎粤菜的"打芡"，即将酸甜的汁水用生粉勾芡，令酥炸过的食物滑嫩可口的烹调方法。熘是中式烹调中常见的一种用旺火急速烹调的方法，有很多名菜都是用熘的技巧。用熘的技巧制成的菜肴汤汁较多且明亮黏稠。坊间流传的顺口溜，正说明了熘的特点：

熘之技法不简单，口感滑嫩汤汁宽。

外焦里嫩是焦熘，滑熘口感味道鲜。

糖熘醋熘和糟熘，调料命名很通俗。

脆熘技法真特殊，锤砸水余不过油。

古老烧熘用法稀，油温高达二百一。

软熘技法莫马虎，主料软嫩如豆腐。

一、熘法的历史形成

熘的烹调方法，始于南北朝时期，当时记载的"臆鱼"法和"白菹"法，便是熘法的雏形。宋代以后，出现了"醋鱼"等菜肴，即鱼（或其他原料）加热成熟后，浇淋上预制好的芡汁（今天杭州的西湖醋鱼一菜，仍采用此古法）。明清以后，"熘"的名词正式在饮食书本上出现，如清代童岳荐所著《调鼎集》一书中，就有醋熘鱼一菜。那时，熘的调味品多以醋、酱、盐、糖、香糟、酒等为主，口味上有酸咸、酸甜、糟香等。近代菜肴中的醋熘海参、糖醋熘排骨、糟熘鱼片等，就是这些古法的继承和发扬。

二、熘法的工艺流程

熘的菜肴在烹调过程中应先将原料用油或水或蒸汽加热成熟，然后调汁或制作芡汁而成菜，一般要经过以下流程。

原料改刀成形（整形需剞刀）→腌制入味→糊浆处理（上浆、挂糊或拍粉）→加热（滑油、油炸、煮、蒸、氽等技法）成熟→勾兑调味芡汁→包芡成菜（翻拌包裹上原料或浇淋于原料上）→出锅装盘→盘式围边→上桌食用。

三、熘法勾芡技法

熘的菜肴在加热成熟后，调汁或制作芡汁，使原料与芡汁混合在一起时，有三种方法。

兑汁法。即原料再加热过程中，根据菜肴口味要求，将所需调味品调和在一起，成为碗汁。当原料加热成熟后，将原料放入加了底油的锅中翻炒，泼入兑好的芡汁，使其成熟并均匀地挂在原料表面上。如糖醋里脊、糖醋排骨等紧芡菜，即可采用兑汁法。

浇汁法。即原料加热成熟后，盛至餐具中，再将烹制好的芡汁浇淋在原料的上面。如西湖醋鱼、松鼠鳜鱼等就是整条鱼经水煮、过油调味后，盛装在鱼盘中，再将烹调好的醋汁（食为酸甜味或果汁味）浇淋在鱼身上而成的。

翻拌法。即原料加热成熟后，先用漏勺捞起，沥净油或水分，然后在锅中调制芡汁，芡汁浓稠成熟后（有黏性），再放入原料，迅速翻炒均匀。采用翻拌法的多为焦熘小型主料的菜肴，因为焦熘的菜肴要保持成菜的焦脆特点，如采用兑汁法，芡汁过早泼入，会使原料"回软"，采用翻拌法则可避免这一情况。糖醋型的菜肴也是一样，芡汁中的糖要溶解，需要一段过程，使糖充分溶解、稠化的过程，当糖醋汁充分溶解、稠化后，再下入原料，迅速翻拌均匀成菜。

 精品赏析

菊花鱼丝

菊花鱼丝是在江南名菜锦绣鱼丝与菊花鱼朵的基础上演变而来的，它将南北技法融合创新，是脆熘与滑炒两种方法的同台展示，不仅是酸甜与咸鲜两种口味的巧妙组合，更是烹调基本功的集中体现和继承创新（图8-35）。

图8-35 菊花鱼丝

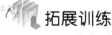 **拓展训练**

一、思考与分析

1.什么是熘？烹制上有什么特点和要求？

2.以糖醋里脊为例，试分析脆熘的烹调技法的操作要领。

3.以熘鱼片为例，试分析滑熘的烹调技法的操作要领。

4.以西湖醋鱼为例，试分析软熘的烹调技法的操作要领。

二、菜肴拓展训练

训练一：根据提示，制作菊花鱼块（脆熘）。

工艺流程

原料准备→刀工成形→腌渍调味→拍粉处理→油炸定型→勾芡浇汁→成品装盘。

制作要点

1.黑鱼取带皮净鱼肉，剞上菊花花刀，并切成块状生坯。

2.加入精盐、绍酒、味精、胡椒粉腌渍入味，再拍上干淀粉。

3.用五成热油炸至定型捞起，再用六成热油复炸至金黄脆硬。

4.炒锅用葱、姜、蒜末炝锅，加番茄酱略炒，放入绍酒、精盐、白糖、醋及少许水，并用湿淀粉勾芡后，浇于鱼块上即可（图8-36）。

此菜肴形似菊花，芡汁艳红，香鲜松脆，口味酸甜。

训练二：根据提示，制作滑熘里脊片（滑熘）。

工艺流程

原料准备→刀工成形→腌渍上浆→滑油成熟→勾芡成菜→出锅装盘。

制作要点

1.猪里脊肉切成0.3厘米厚的菱形片。

2.加入精盐、料酒、味精、湿淀粉、鸡蛋清腌渍上浆。

3.浆好的肉片用四成热油锅滑油成熟后沥净油。

4.炒锅留底油，葱、姜煸香，加精盐、料酒、高汤、糖调味，用湿淀粉勾芡后，放入肉片，即可出锅装盘（图8-37）。

此菜肴肉片洁白滑嫩，口味咸鲜，芡汁略宽。

图8-36 菊花鱼块（脆熘）

图8-37 滑熘里脊片（滑熘）

任务五 煎

主题知识

煎是将主料调味后加工成扁平状，然后用少量油为加热介质，用中小火慢慢加热至两面金黄，使菜肴达到鲜香脆嫩或软嫩的烹调技法。煎既是一种独立的烹调方法，也是一种辅助烹调技法。

煎的操作要领如下。

第一，原料一般加工成扁平状的，也可加工成泥茸状。

第二，煎制菜肴糊浆要厚薄均匀，以达到增强菜肴的软嫩和松脆程度的效果。

第三，火候和时间的掌握要恰到好处，一般用中小火煎制至金黄。

烹饪工作室

典型菜例　生煎肉饼

工艺流程

原料→刀工成形→调味或挂糊→煎制→调味→装盘成菜。

主配料

夹心肉 250 克，肥膘 200 克，蒜末 50 克，鸡蛋 1 个。

调料

色拉油 1500 克，盐 2 克，白糖 10 克，料酒 20 克，淀粉 75 克，味精 3 克。

想一想

如何保证肉饼形状在煎制过程中不散？

制作步骤

生煎肉饼的制作见图 8-38。

第一步，将夹心肉、肥膘切成绿豆大小的粒，把肉粒放入盛器中，加入蒜末、蛋液、料酒、白糖、盐、味精，搅拌上劲。再加入淀粉拌匀，将拌好的肉挤成大小一致的肉丸 10 个。

第二步，锅置中火上，加入适量色拉油加热至四成热，改用小火，左手心蘸上清水（防粘连），放入肉丸一个，揿扁，放入油锅中逐个下锅。

第三步，待肉饼煎至一面金黄色，将其翻面，另一面也煎至金黄，取出装盘。附带醋碟上桌。

（1）

（2）

（3）

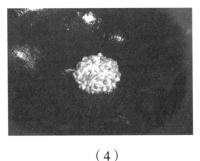
（4）

（5）

（6）

图 8-38　生煎肉饼的制作

 行家点拨

此菜色泽金黄、口感酥脆。操作过程中应注意：

1. 应以新鲜的夹心猪肉为原料，配适量肥膘，加工成肉末，调味后加工成扁平状。

2. 口味调制应一次到位，咸淡适中。

3. 煎制一般用中小火，时间恰当，保证菜肴口感香脆。

相关链接

　　煎对糊浆处理有什么要求？

　　第一，泥茸性的原料在调拌时，应加入调味品和蛋液、生粉，以增加原料的粘连性和鲜嫩度。

　　第二，对于一些整形、片形原料，有些需挂全蛋糊或蛋黄糊，也有的需拍上干淀粉后再沾上蛋液，其目的是保持原料形状完整，使菜肴色泽美观。

典型菜例　煎荷包蛋

工艺流程

原料→去蛋壳→入锅煎制→调味→装盘成菜。

主配料

鸡蛋 4 只。

调料

细盐 1.5 克，酱油 3 克。

制作步骤

煎荷包蛋的制作见图 8-39。

怎样保证蛋在煎制过程中不粘锅，形不散？

荷包蛋煎制时对蛋黄成熟度有何要求？

第一步，将鸡蛋打入碗中，锅置火上烧热，放入少许油，略热，倒入鸡蛋以中小火煎制。

第二步，待底部结皮时，撒上细盐，用铲刀把鸡蛋制成荷包状。

第三步，可以煎至半生熟或全熟，或两面金黄，出锅装入盘中，淋上少许酱油即可。

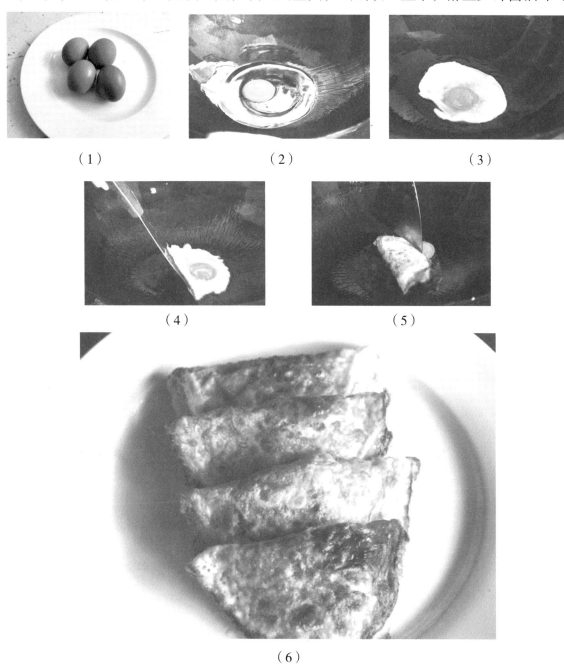

（1）　　　　　　　（2）　　　　　　　（3）

（4）　　　　　　　（5）

（6）

图 8-39　煎荷包蛋的制作

 行家点拨

此菜色泽金黄、口感软嫩。操作过程中应注意：

1. 以中小火为主，以免影响色泽。

2. 油温要适中，不能过高或过低，否则会影响菜品质量。

3. 煎制时包裹成荷包状。

生煎与干煎

相同点：原料都可以先调味，再上粉，煎制成菜。

不同点：生煎的调味必须在煎制之前，而干煎可以在煎制后加调味芡汁收汁。

 精品赏析

生煎鲳鱼

生煎鲳鱼选用鲳鱼为原料，经刀工处理、腌渍入味后，拍粉拖上蛋液，经油煎成熟，制作成菜。菜肴色泽金黄，口感香脆，肉质鲜嫩（图8-40）。

图8-40　生煎鲳鱼

拓展训练

一、思考与分析

1.煎菜的调味应该注意什么问题？

2.煎菜在控制火候上要注意哪些要点？

二、菜肴拓展训练

根据提示，制作煎土豆饼。

工艺流程

土豆蒸至酥烂→按成扁平状→锅加热放入少量油→放入土豆饼煎至两面金黄→调味→出锅装盘。

图8-41　煎土豆饼

制作要点

1.土豆要蒸至酥烂。

2.将土豆用刀拍成扁平状。

3.将土豆放入油锅中用中小火煎至香脆、两面呈金黄色（图8-41）。

任务六　贴

主题知识

　　贴是将两种或两种以上加工成片状或饼状的主料，经腌渍后粘贴在一起，再经挂糊处理后，用少量油将一面煎至金黄酥脆成菜的烹调方法。

一、贴的制品特点

贴制菜肴的特点是制作精细，一面酥脆、一面鲜嫩，口味咸鲜。主要适用于动物性及水产品类原料，如鱼肉片、肥膘肉、瘦肉片、鸡脯肉等。

二、操作要领

第一，贴菜的主料一般分为几层，故成形时力求大小、薄厚一致。

第二，贴菜制作时，口味大部分以清香咸鲜为主，须在烹调前一次性准确调味。

第三，贴制时，应注意火候的运用，成品要求一面酥脆、一面软嫩，宜用中火或小火，并且要不停地晃动炒勺和往主料上撩油，以使主料均匀受热，成熟一致。

 烹饪工作室

典型菜例　锅贴鱼片

工艺流程

原料准备→刀工成形→腌渍上浆→贴叠成形→小火煎制→烹汁"养"熟→出锅装盘。

主配料

新鲜净鱼肉 250 克，熟猪肥膘肉 200 克，虾仁 80 克，荸荠 80 克，火腿 50 克，鸡蛋 1 个（约 70 克），香菜 10 克，干淀粉 20 克。

调料

精盐 4 克，料酒 10 克，味精 3 克，白糖 3 克，胡椒粉 3 克，醋 5 克，香油 5 克，湿淀粉 15 克，猪油 60 克。

制作步骤

锅贴鱼片的制作见图 8-42。

第一步，鳜鱼（或黑鱼）洗净取鱼肉并去鱼皮，批成长 5 厘米、宽 3 厘米、厚 0.3 厘米的片；猪肥膘肉批成长 5 厘米、宽 3 厘米、厚 0.5 厘米的片。两种片形状、数量相同，火腿切成末备用。

第二步，鱼片加入精盐、料酒、味精、胡椒粉、鸡蛋清等捏上劲后，再加少许湿淀粉拌匀上浆；虾仁剁成泥，加入精盐、料酒、白糖、胡椒粉、鸡蛋清、湿淀粉和少许清水，顺一个方向充分搅拌上劲；鸡蛋打开，蛋清、蛋黄分开打散拌匀。

第三步，每片熟猪肥肉片平摊在砧板上，拍上干淀粉，铺上一层搅拌好的虾泥，将鱼

 小贴士

鱼不仅营养丰富，而且美味可口。古人有"鱼之味，乃百味之味，吃了鱼，百味无味"之说。老祖宗造字，就将"鲜"字归于"鱼"部，而不入"肉"部，可见其将鱼当作"鲜"的极品。鱼历来都是人们喜爱的食品。

片盖上，制成锅贴鱼片生坯，上面再放上香菜叶和火腿末。

第四步，炒锅置中火上，下入熟猪油烧至五成热时，将拖上蛋黄糊的生坯（猪肥肉面朝下）下锅，煎约1分钟，并用微火"养"3分钟至熟，滗出油，烹入适量料酒和醋，出锅后整齐地装入平盘，两边点缀上香菜即成。

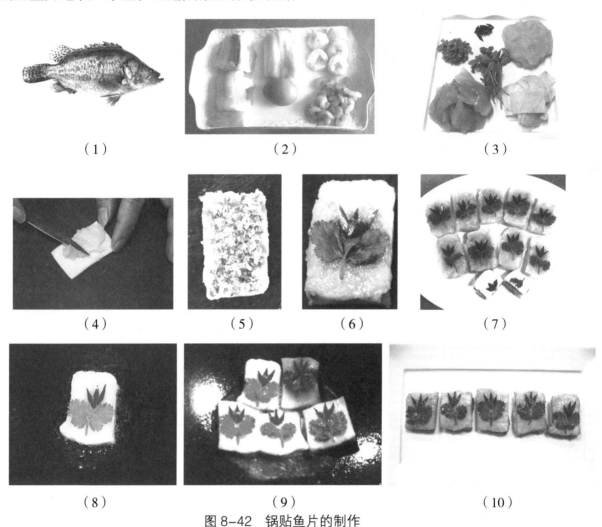

（1）　　　　　　　　　　　（2）　　　　　　　　　　　（3）

（4）　　　　　　　（5）　　　　　　　（6）　　　　　　　（7）

（8）　　　　　　　　　　　（9）　　　　　　　　　　　（10）

图8-42　锅贴鱼片的制作

 行家点拨

此菜肴色泽金黄、香脆软嫩、肥而不腻。操作过程中应注意：

1. 鱼肉选用新鲜的鳜鱼、黑鱼、鳕鱼等。

2. 煎制时火不要太大，要用小火，养时用微火。

3. 贴制时间以鱼肉成熟为度，注意不要碰碎鱼肉。

相关链接

"贴"的特色

贴与煎的烹调技法一样，都是我国烹调技艺中独立的热菜烹调方法。贴菜制作时有煎的一些特点，但又有别于煎，是在煎法的基础上发展和创新的。一般由几层不同原料粘贴在一起，入锅仅煎制一面。

精品赏析

百花锅贴鱼

百花锅贴鱼选用新鲜的鳜鱼鱼肉，采用贴的烹调方法，烹调过程严谨，点缀拼摆讲究，成品鲜香嫩软、外形美观，不愧为一道典型的贴制类精品菜肴（图8-43）。

图8-43　百花锅贴鱼

拓展训练

一、思考与分析

1.试以锅贴鱼片为例，分析贴的技术特点。

2.煎、贴两种烹调方法之间有什么区别与联系？

二、菜肴拓展训练

根据提示，制作锅贴豆腐。

工艺流程

原料准备→刀工成形→腌渍调味→贴叠成形→小火煎制→出锅装盘。

图8-44　锅贴豆腐

制作要点

1.鸡脯肉制成茸泥，放入精盐、料酒、味精及鸡蛋清、葱花、花椒等调料搅匀上劲成鸡茸。豆腐碾成泥，掺到鸡茸里搅匀，制成鸡茸豆腐泥生坯。

2.猪肥肉膘片切成长6厘米、宽4厘米的薄片，逐个抹上打好的鸡茸豆腐泥。生菜叶洗净切成与肥肉片同样大小的片，盖在豆腐泥上面。

3.将鸡蛋清100克与湿淀粉搅打成蛋清糊备用。

4.炒锅放中火上，色拉油加热至四成热，把豆腐坯拖蛋清糊，肥膘朝下放入油锅内煎至微黄。把剩下的蛋清糊淋在豆腐周围，待蛋清金黄成熟时捞出，改刀装盘。

5.上菜时外带花椒盐（图8-44）。

此菜色泽金黄而酥软，入口即化。豆腐坯半煎半炸，风味更佳。

任务七　塌

主题知识

塌是将加工成形的主料用调味品腌渍，经拍粉挂糊后，用油煎至两面金黄，再放入调味品和少量汤汁，用小火收浓汤汁或勾芡淋明油成菜的烹调方法。

锅塌是山东民间的一种传统的烹饪技法，它是将煎炸与煨炖等法复合而成的。塌制的菜肴除了具有鲜香浓郁等特点外，更使菜肴柔和绵软，口味悠长。

一、煽的特点

煽制菜肴的特点是色泽黄亮、软嫩鲜香、滋味醇厚。煽主要适用于动、植物性及水产品类原料，如瘦肉片、鱼肉片、菠菜、芦笋、豆腐等。

二、操作要领

第一，主料成形不宜过厚、过大。

第二，底油、汤汁用量不宜多。

第三，烹制过程中要防止脱糊。

第四，宜在短时间内收干汤汁。

烹饪工作室

典型菜例　锅煽豆腐

工艺流程

原料准备→刀工成形→腌渍、拍粉、拖蛋液→小火煎制→小火收汁→出锅装盘。

主配料

豆腐 250 克，干淀粉 25 克，鸡蛋 1 个。

调料

精盐 5 克，清汤 25 克，味精 3 克，葱花、姜末各 10 克。

小贴士

豆腐不含胆固醇，脂肪含量也很低，其生理价值比其他植物蛋白质高，可与肉类蛋白质相媲美。

制作步骤

锅煽豆腐的制作见图 8-45。

第一步，豆腐切成长 5 厘米、宽 3 厘米、厚 0.8 厘米的块，撒上盐、味精、葱花姜末调味。

第二步，豆腐两面拍上干淀粉，再拖上鸡蛋糊，逐片入温油锅两面煎至金黄色，捞出。

第三步，锅中留少许油，加入葱花、姜末煸香，然后加入豆腐、清汤，适量精盐、味精，用中小火将汤汁基本收干时，出锅装盘。

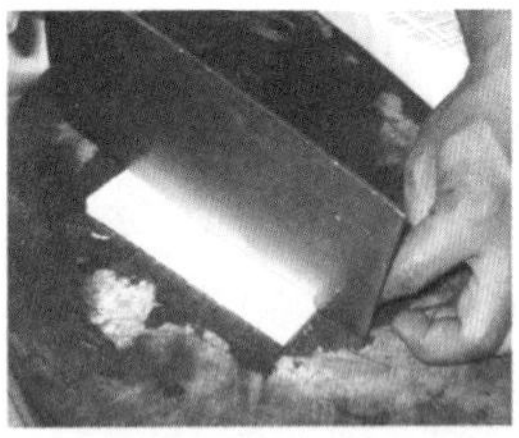
（1）

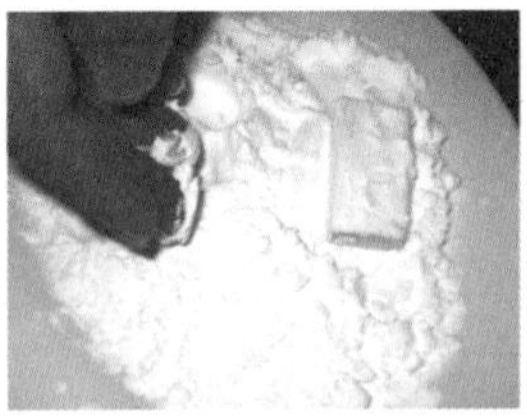
（2）

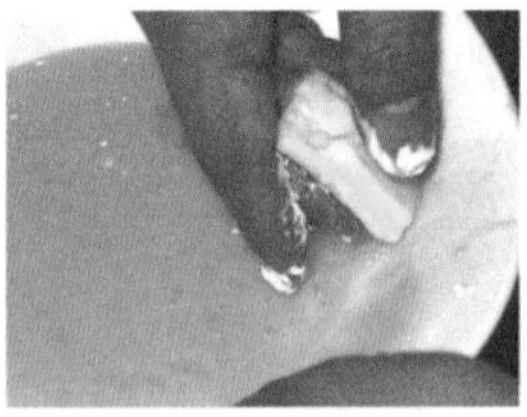
（3）

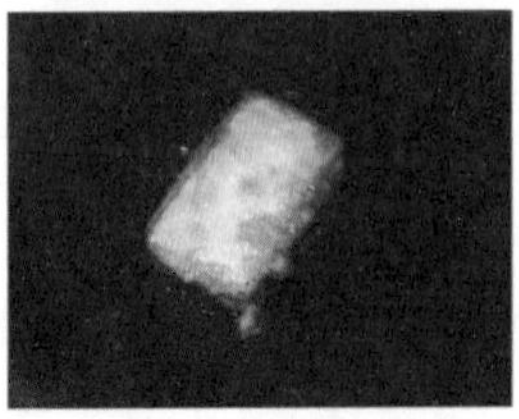
（4）

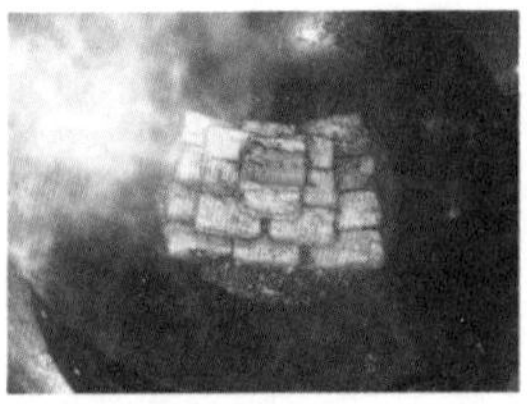
（5）

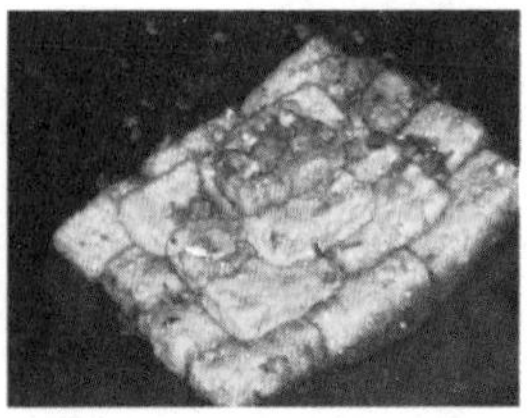
（6）

（7）

图 8-45　锅㶽豆腐的制作

 行家点拨

此菜肴色泽金黄、口味咸鲜、口感软嫩，香味浓郁，别具风味，操作过程中应注意：

1.豆腐片要切得大小、薄厚一致。

2.㶽制豆腐时要用中小火慢慢加热成熟。

相关链接

锅㶽豆腐的历史

锅㶽豆腐是著名的山东菜，成菜呈色泽黄亮，外形整齐，入口鲜香，营养丰富。最早的锅㶽系列菜来自山东地区。早在明代，山东济南就出现了锅㶽豆腐，到了清乾隆年间，此菜菜升宫廷菜，后传遍山东各地，又传入天津、北京及上海等地。后来各地将此法加以改良，如锅㶽银鱼、锅㶽里脊，就是天津的独特做法。

正宗的山东原版锅㶽豆腐，烹煮时要放上酱油，汤汁呈酱红色，铺在白黄的豆腐上，缀以细细的绿色葱花，色泽鲜艳，味道浓郁。现在流行并被广泛接受的是改良版的锅㶽豆腐，汤汁为素色，不放酱油，颜色比较淡雅清新。

 精品赏析

锅㶽菠菜

菠菜不仅含有大量的 β - 胡萝卜素，还是维生素 B_6、叶酸、铁质和钾质的极佳来源，而鸡蛋含丰富的优质蛋白。锅㶽菠菜是这两种烹饪原料的完美组合，采用锅㶽的技法，不仅营养极佳，而且很好地改善了菠菜的口感（图 8-46）。

图 8-46　锅㶽菠菜

 拓展训练

一、思考与分析

1.煎与㶽之间有哪些区别与联系？

2.以锅㶽豆腐为例分析㶽的技术要领与特点。

二、菜肴拓展训练

根据提示，制作锅㶽里脊。

工艺流程

原料准备→刀工成形→腌渍调味→拍粉、拖蛋液→小火煎制→小火收汁→出锅装盘。

制作要点

1. 猪里脊片成 0.5 厘米厚的大片，放入碗内，加姜葱末、精盐、料酒、酱油、味精、香油等腌渍 15 分钟。

2. 鸡蛋打散搅匀成全蛋糊，里脊片两面沾干淀粉，拖鸡蛋糊，煎至两面金黄。

3. 另起锅留底油，加高汤、料酒、精盐、味精，文火煸尽汁。

4. 出锅改刀装盘即可（图 8-47）。

此菜肴颜色金黄、味鲜香、口感软嫩。

图 8-47　锅煸里脊

任务八　烹

主题知识

烹是将加工处理后的小型主料，拍粉、挂糊后，炸制成熟，再放入调料或预先兑好的调味清汁（不加淀粉）快速翻炒成菜的烹调方法。根据成熟方式可分为炸烹、煎烹等种类。

一、烹的制品特点

烹的制品特点有酥香、软嫩、清爽不腻、味型多样，以咸鲜为主等。

二、操作要领

烹制的菜肴一般选用新鲜细嫩的动物性原料，如猪肉、仔鸡、鱼肉、虾、牛蛙等。刀工处理上一般是剞刀改成段或条块状，多用洋葱、姜末、蒜泥或葱花炝锅后再下原料，所用的调味汁一般是清汁（不加淀粉勾芡）。

小贴士

烹是炸制法的进一步深化或转变。烹最大的特点是"逢烹必炸"，也就是说烹制的原料都必须先经过油炸或油煎成熟，成菜微有汤汁、不勾芡。

烹制菜肴时应注意以下几点。

第一，带有小骨头、薄壳的原料要两面剞刀或拍松，改刀成小段或小块状。

第二，烹的原料多需用拍粉、挂薄糊或上浆等方法处理。

第三，主料炸制时，应注意油温的控制，油温过高、过低都会影响菜肴的质感。

第四，烹制前所调配的调味清汁（不使用淀粉），应视主料的多少来配制。烹汁的量要恰到好处，成菜要用旺火基本收干汤汁。

烹饪工作室

典型菜例 炸烹洋葱里脊

工艺流程

原料准备→刀工成形→腌渍调味→拍粉炸制→烹汁成菜→成品装盘。

主配料

里脊肉150克，洋葱1只（约100克），干淀粉60克。

调料

精盐5克，料酒10克，味精3克，酱油15克，白糖15克，米醋10克，色拉油750克（约耗50克）。

制作步骤

炸烹洋葱里脊的制作见图8-48。

第一步，将里脊肉切成3厘米长、1.5厘米宽、0.5厘米厚的菱形片，洋葱切成形状相似的略小的片。

第二步，里脊片用精盐、料酒、味精拌渍均匀入味，放入碗内加上干淀粉抓匀。

第三步，小碗内加上清汤、精盐、酱油、料酒、白糖、米醋等兑成调味汁备用。

第四步，炒锅洗净烧热，加油烧至五成热后，将拍匀粉的里脊片投入油锅中炸至断生捞出，待油温升至六成热时再将里脊片复炸至金黄脆嫩，倒入漏勺内控净油。

第五步，锅内留油50克，倒入洋葱片煸出香味后，倒上里脊和兑好的汁，急火快速颠翻收汁，淋上香油，装盘即成。

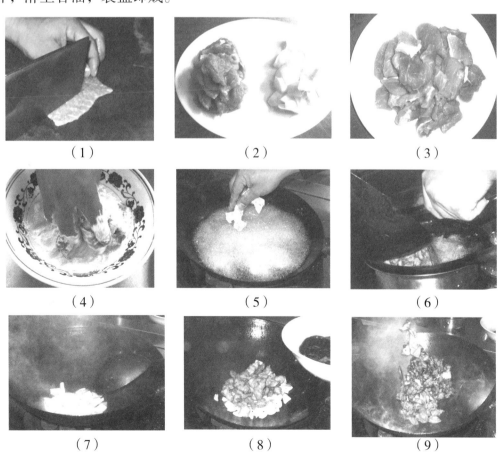

（1）　　　　　　　　（2）　　　　　　　　（3）

（4）　　　　　　　　（5）　　　　　　　　（6）

（7）　　　　　　　　（8）　　　　　　　　（9）

（10）

图8-48　炸烹洋葱里脊的制作

行家点拨

此菜肴色泽金黄、外香脆里鲜嫩，略带甜酸，香气扑鼻。操作过程中应注意：

1. 里脊肉刀工成形要大小、厚薄均匀，不宜太薄或太厚。

2. 拍粉要均匀。

3. 油炸时油温要尽量高一些，以防止掉粉脱糊。

4. 采用旺火收汁。

相关链接

炸烹与炸熘

　　炸烹，简称烹，是指在煎或炸的基础上，烹上调味清汁快速入味成菜的一种烹调技法。其工艺流程为：选取原料→刀工处理（形状较小）→腌渍入味→拍粉或挂糊→炸（或煎）制→烹兑调味清汁→回锅成菜。

　　炸熘，又称脆熘或焦熘，就是将加工成形的原料用调味品腌渍，经挂糊或拍粉后，投入热油锅中炸至松脆，再浇淋或包裹上甜酸芡汁而成菜的熘制技法，是熘的一种形式。其工艺流程为：原料选用→刀工成形（整形需剞刀）→腌制入味→挂糊或拍粉→油炸成熟→勾兑调味芡汁→包芡（翻包或浇淋）成菜→出锅装盘。

　　从概念及工艺流程来看，两种烹调方法极其相似，都需经刀工处理、腌渍处理、拍粉或挂糊、热油炸制等程序。二者最大的不同是第二阶段的调味过程，炸烹是烹入调味清汁（即不加水淀粉），且快速入味而成菜；而炸熘则是勾流芡后，包裹或浇淋而成菜。

精品赏析

茄汁烹鸡丝

　　鸡肉和牛肉、猪肉比较，蛋白质的含量更高，而脂肪含量较低。鸡肉为优质的蛋白质来源，而且鸡肉中的蛋白质消化率高，很容易被人体吸收利用。

　　茄汁烹鸡丝的最大创新在于采用炸烹的技法，融合了茄汁酸甜的口味特点（图8-49）。

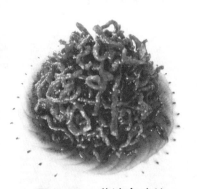

图8-49　茄汁烹鸡丝

拓展训练

一、思考与分析

1.什么是烹？它有什么特点和操作要领？

2.试简述"炸烹"与"炸熘"之间的相同点和不同点。

二、菜肴拓展训练

根据提示，制作炸烹大虾。

工艺流程

原料准备→刀工处理→下锅炸制→烹汁成菜→成品装盘。

制作要点

1.剪去虾头、去虾包、剪虾脚，并用刀划开虾背抽出虾线，葱、生姜切丝。

2.虾加入精盐、料酒、胡椒粉腌制15分钟，再加入干淀粉裹匀虾外表。

3.用精盐、料酒、白糖、酱油、味精、香油等调成味汁。

4.虾用六成热油锅炸至金黄发脆沥油。

5.炒锅留底油，煸香葱、姜、蒜后，倒入虾并迅速烹入调好的清汁，颠翻均匀即可（图8-50）。

小贴士

1.大虾开背后，腌制的时间要在15分钟以上，否则不入味。

2.制作此菜要动作连贯、一气呵成，炸制后即烹入清汁，快速成菜装盘上席，以保证菜肴质量。

图8-50　炸烹大虾

任务九　拔　丝

主题知识

拔丝，又叫拉丝，是将经油炸后的半成品主料，放入由白糖熬制的糖浆中裹匀并迅速装盘，食用时能拉出糖丝的一种烹调方法。

制作拔丝菜肴的关键是熬糖浆，亦称炒糖浆。根据熔化糖的介质不同，拔丝可分为水拔、油拔、水油混合拔三种。

一、拔丝制品的特点

拔丝菜制作精细，成菜具有色泽金黄或浅黄色、明亮晶莹、外脆里嫩、香甜可口等特点。拔丝菜用料广泛，主要适用于香蕉、苹果、橘子、山楂、梨、麻山药、土豆、莲子等原料。

二、操作要领

第一，熬糖时要控制好火候，欠火或过火均不易出丝，防止返砂和熬糊。

第二，油炸主料和炒制糖浆最好同步进行，均达到最佳状态后将两者结合在一起。若事先将主料炸好，糖浆热而主料冷，会加速糖浆凝结，拔不出丝或出丝效果不佳。

第三，主料如是含水量多的水果，应挂糊浸炸，以避免因水分过多造成拔丝失败。

第四，盛装拔丝菜肴的盘子，要事先抹上油，以避免糖浆冷却后粘住盘子。

第五，拔丝菜肴上桌的速度要快，可以防止糖浆冷却而导致拔丝失败。

烹饪工作室

典型菜例　拔丝苹果

工艺流程

苹果去皮、切块→拍粉→制成全蛋糊→挂糊→入油锅炸制（至金黄、结壳）→小火熬制糖浆→翻拌裹匀糖浆→出锅装盘。

主配料

苹果 1 只，鸡蛋 1 个，干淀粉 50 克，干面粉 80 克。

调料

白糖 150 克，熟芝麻 10 克，色拉油 750 克（实耗 75 克）。

制作步骤

拔丝苹果的制作见图 8-51。

第一步，将苹果洗净，去皮、核，切成 2.5 厘米见方的块，蘸上面粉（或干淀粉）。鸡蛋磕在碗内，加面粉、干淀粉、清水调成全蛋糊。

第二步，炒锅洗净烤热，加入色拉油烧至六成热，投入挂糊的苹果块炸至外皮脆硬，呈金黄色时，倒出沥油。

第三步，原锅留油 15 克，加入白糖，小火加热，用手勺不断搅拌至糖熔化，待糖色呈浅黄色有黏起丝时，倒入炸好的苹果，边颠翻，边撒上芝麻，出锅装入涂抹有冷油的盘内即可。

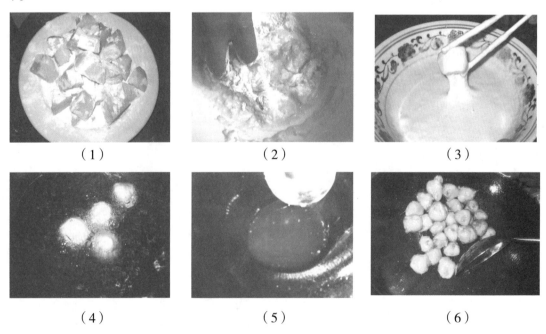

（1）　　　　　　　　　（2）　　　　　　　　　（3）

（4）　　　　　　　　　（5）　　　　　　　　　（6）

（7）

图 8-51　拔丝苹果的制作

 行家点拨

此菜肴色泽黄亮、松脆爽口、糖丝晶莹透明。操作过程中应注意：

1. 水果类原料要去皮，并注意防止褐变，肉类要去皮、去骨，鱼去刺。

2. 炸制要防止脱糊。可双灶操作，一锅炸制，一锅炒糖，不仅节省时间，也可防止脱糊。

3. 天冷时可用热水坐底保温，延长成菜后的拔丝时间。

相关链接

拔丝菜的起源

　　拔丝菜最早起源于山东，拔丝是山东济南传统甜菜的烹调方法。清初山东著名文学家蒲松龄是这样形容拔丝菜的："而今北地兴果，无物不可用糖粘。"清代宣统翰林学士薛宝辰在他所著《素食说略》中提到"拔丝山药"的做法。

　　拔丝是制作甜菜的烹调技法之一。拔丝、挂霜、蜜汁被称为"甜品烹调三朵花"，其中拔丝的技法最有特色，难度也最大。

 精品赏析

拔丝虾球

　　拔丝虾球采用新鲜虾肉，先将其剁成虾泥，加入盐、酒、黑胡椒、淀粉等搅上劲，再搓成球形，入油锅炸至金黄成形，最后采用水拔丝的方法包裹一些糖丝于虾球外，营养丰富、造型美观（图 8-52）。

图 8-52　拔丝虾球

拓展训练

一、思考与分析

1. 什么是拔丝？烹制上有什么特点和要求？

2. 烹饪专业学生应学会明大德、守公德、严私德，结合实际，在烹饪操作过程中，你应该如何提高个人修养？

二、菜肴拓展训练

根据提示，制作拔丝土豆。

工艺流程

土豆去皮、切块、拍粉→调制脆皮糊→挂糊入油锅初炸定型→复炸至浑圆金黄→小火熬制糖浆→翻拌裹糖浆→出锅装盘。

图 8-53　拔丝土豆

制作要点

1. 土豆去皮，切成 1.5 厘米左右见方的块，拍上干淀粉。

2. 用干淀粉、面粉、发酵粉及适量清水调制脆皮糊。

3. 将挂上脆皮糊的土豆块放入五成热油锅炸至结壳，用六成油温复炸至金黄色捞出。

4. 锅留底油，用中火将白糖炒至熔化色泽黄亮时，将土豆块裹匀糖浆，盛入预先抹油的盘中即成（图 8-53）。

此菜肴色泽黄亮、松脆爽口、糖丝透明。

视频学习

烹饪是技术，也是艺术，为生活增添乐趣，让我们一起来跟着视频学烹饪吧！

软炸里脊条	蒜爆里脊	糖醋里脊	细纱羊尾	抓炒豆腐

项目评价

油烹法评分表

分数	指标								
	选料合理	刀工处理准确	投料准确	糖浆使用得当	油温掌握恰当	口味适当	色泽恰当	操作规范	节约卫生
标准分	10分	10分	10分	20分	20分	10分	10分	5分	5分
扣分									
实得分									

注：考评满分为 100 分，59 分及以下为不及格，60～74 分为及格，75～84 分为良好，85 分及以上为优秀。

学习感想

项目九
其他烹法

＋ 项目介绍

　　其他烹法是与主要烹调方法相近、相似的烹调方法，或应用性、流行性较小的烹调方法，以及主要烹调方法不常见的分支方法。这些烹调方法虽使用范围小，但在原料的使用、加热的方式和成菜的特色方面，均有相对独特的规律性，在民间有其生存和发展的土壤，可以作为特色菜肴的烹调方法使用。

＋ 学习目标

1. 了解以蒸汽、火、微波、石头、铁板等为主要传热介质的烹调方法的概念与种类。
2. 了解厨房中的其他类烹调设施设备。
3. 掌握以其他传热介质为主的烹调方法的特点、成菜质量要求。
4. 掌握其他烹法典型菜例的用料、风味特点，尤其应熟练掌握制作工艺和操作关键。
5. 能按客人的要求烹制各式其他烹法制作的菜例。
6. 学会规范操作，培养职业素养，注重安全生产等。

任务一　蒸

主题知识

　　蒸是指经加工切配、调味的原料，利用蒸汽为传热介质加热使之成熟入味的烹调方法。蒸类菜的选料广泛，如鸡、鸭、牛肉、海参、鲍鱼、鱼、虾、蟹、豆腐和各种鱼虾原料茸泥等。蒸菜成品富含水分，质感软烂或软嫩，形态完整，原汁原味。

一、蒸的分类

　　清蒸：是将单一原料单一口味（咸鲜味）的原料直接调味蒸制，使成品汤清味鲜、质地嫩的方法，原料必须用清洗干净，沥净血水。要选择鲜活的主料，用调料腌制主料时要均匀，且时间不宜过短，否则不易入味。对体大的主料要经剞刀处理，以利于扩大受热面积和味的渗透面积。

　　粉蒸：是指将原料加工成形，腌渍、上浆后，粘上一层熟米粉蒸制成菜的方法。粉蒸的菜肴具有糯软香浓，味醇适口的特点。粉蒸类菜肴宜用旺火蒸制，主料成形后必须腌制入味和上浆，以保证主料蒸后的鲜嫩，也可起到粘连米粉的作用。

　　包蒸：是将腌制入味烹调原料，用荷叶、竹叶、芭蕉叶等包裹后，放入器皿中，用蒸汽加热至熟的方法，此法既保持原料的原汁原味不受损失，又可增加包裹材料的风味。

　　糟蒸：是在蒸菜的原料中加糟卤或糟油，使成品菜具有特殊的糟香味的蒸法。糟蒸菜肴的加热时间都不长，否则糟卤就会发酸。

　　汽锅蒸：以炊具命名，将原料放入汽锅中加热成菜的技法。

二、操作要领

　　第一，蒸制的原料必须特别新鲜。

　　第二，蒸菜在蒸制前调味投料要准确。

　　第三，掌握好火力和时间；蒸制的火候，根据原料的不同特点和菜肴的要求，分为以下3种。一是旺火沸水急蒸。适用于质地鲜嫩的原料，蒸至断生即可，以保持菜肴的鲜嫩，如清蒸鳜鱼。二是旺火沸水长时间蒸。凡原料质老形大的，采用这种工艺，可使菜肴酥烂，如酒蒸鸭子。三是中小火徐徐蒸。适用于质地特别软嫩，经较细致加工，需保持造型的菜肴的，如兰花鸽蛋。如果蒸汽太大，可将笼盖揭开一角。

　　第四，注意笼中的水量，蒸制过程中水量充足，防止蒸笼跑气、漏气，保证蒸汽湿度达到饱和。

烹饪工作室

典型菜例　清蒸白鱼

工艺流程

原料选择→初步加工→热处理→刀工→装盘→调味→蒸制→成菜。

主配料

白鱼 700 克，熟火腿 15 克，嫩笋片 25 克，水发香菇 25 克，猪板油丁 10 克。

调料

葱结 5 克，葱段 2 克，姜片 4 克，绍酒 10 克，精盐 5 克，味精 2 克，姜末醋 1 小蝶。

制作步骤

清蒸白鱼的制作图 9-1。

第一步，将鲜活白鱼剖洗干净，入沸水锅中烫一下捞出，刮去里膜洗净，两面斜剞上花刀。

小贴士

蒸菜的火力大小对原料有何影响？如何正确控制火力？

第二步，将鱼放入盘内，依次将嫩笋片、香菇、猪板油丁、火腿片相间摆在鱼上，加入精盐、绍酒、姜片、葱结和水 25 克。上蒸笼（或蒸箱）用旺火蒸至鱼眼突出，拣去葱结和姜片，将鱼换装在长腰盘中。

第三步，在蒸鱼的原汁中加入葱段、味精、水，烧沸，淋浇在鱼身上。可配姜末醋一碟供蘸。

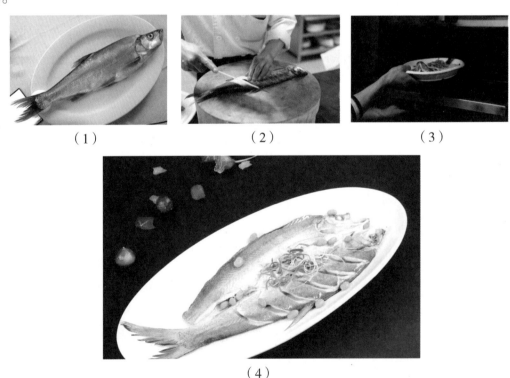

（1）　　　　　　（2）　　　　　　（3）

（4）

图 9-1　清蒸白鱼的制作

行家点拨

此菜口味咸鲜，鱼肉细嫩鲜美，保持原料本味。其制作过程中应注意：

1.选用鲜活的白鱼。

2.剞刀时刀深至鱼骨，刀距基本保持一致，以保证鱼成熟一致。

白鱼的营养特点有哪些？

3.蒸制时采用沸水旺火，掌握恰当的时间，蒸至断生即可（7～8分钟），以保持鱼肉鲜嫩。

相关链接

饭店使用蒸笼或蒸箱，经常是几种菜肴一起加热，操作时应注意：

1.汤水少的菜肴放在上面，汤水多的应放在下面，避免在抽笼时不慎将上层的汤汁滴入下层的菜肴上，从而避免相互串味。

2.色浅的菜肴应放在上面，色深的放在下面，这样放置的目的是上面菜肴的汤汁溢出时，不至于影响下面菜肴的颜色。

3.在装笼时，不易熟的菜肴应放在下层，易熟的放在上层，以便于抽笼。

4.一定要在锅内水沸后再将原料入锅蒸。

5.要求保持原汁原味的菜肴在蒸制前可拉保鲜膜封口处理，防止蒸制时冷却凝结的水珠滴入菜肴导致串味。

 **精品赏析**

清蒸毛蟹

选择活泼有力、后部脐根连盖儿处微微隆起，青盖、白底、足上金毛的毛蟹（黄足膏肥，俗称的"顶盖儿肥"），刷洗干净，铡切成四块，加姜丝、葱结和料酒，放在笼屉上，旺火蒸制15分钟完成。成菜蟹肉细嫩鲜美，营养丰富（图9-2）。

图9-2　清蒸毛蟹

 拓展训练

一、思考与分析

1.蒸菜在调味上有哪几种方法？

2.蒸制菜肴过程中如何避免烫伤事故的发生？

二、菜肴拓展训练

根据提示，制作荷叶粉蒸肉。

工艺流程

米洗净晒干→炒至金黄磨成粉→猪肉切块→调味腌制→和入米粉搅匀→用荷叶包裹→上蒸笼用旺火蒸2小时左右→装盘成菜。

制作要点

1.原料应选择猪的五花肉，保证菜肴的质感。

2.调料必须搅拌均匀，使味道和颜色能均匀入味。

3.米炒成金黄色起锅，碾成粗粉，与肉块拌匀。

4.用鲜荷叶包好肉块，上笼旺火蒸至酥烂成熟（图9-3）。

成品酥烂不腻，清香可口，是夏季佐酒下饭、夹饼的佳肴。

图9-3　荷叶粉蒸肉

任务二　熏

主题知识

熏是将腌制（或经过蒸、煮、炸等熟处理）后的原料，用木屑、茶叶、柏枝、竹叶、花生壳、糖等燃料蔓燃时发出的浓烟熏制菜肴的烹调方法。

一、熏的分类

（一）按照熏制原料的不同分

生熏。将加工好的原料用调料浸渍一定时间，然后放入熏锅里，利用熏料（木屑、茶叶、甘蔗皮、砂糖等）起烟熏制。

熟熏。原料绝大部分都先经过蒸、煮、炸等方法处理为熟料，然后进行熏制。

（二）按照熏制工具分

敞炉熏。即在普通火炉的燃料（或在火缸内放几根烧红的木炭）上撒一层木屑，木屑上加少许糖，使其冒出浓烟，再将原料挂在钩上或用篾薪盛着在烟上熏制。

密封熏。即把糖和木屑等铺在铁锅里，上面搁一个铁丝熏篮，将食物放在篮内加盖，然后将铁锅放在微火上烘，使糖和木屑燃烧冒烟熏制。

敞炉熏时因浓烟分散，应在无风处进行操作，并将食物翻动；密封熏则用料省、时间短，熏得均匀，效果好。

二、操作要领

第一，选择质地细嫩、受热易熟，与熏制风味相宜的原料。

第二，要配齐各种熏料，并要注意选用不含香料及有毒物质的熏料。

第三，生熏应码味，熟熏应经过煮、卤、蒸、炸等法处理后熏制。

第四，要掌握好火候。用猛火把熏锅烧烫之后便需转用慢火，使原料吸收香气，使菜肴有醇厚的烟熏味。

第五，成菜应有特殊的芳香味，色泽美观，熏制品呈枣红色最为理想。

 烹饪工作室

典型菜例　烟熏鸡

工艺流程

原料→加工成形→腌渍→初步熟处理→熏制→装盘。

主配料

土鸡 750 克。

调料

花椒 10 克，八角 10 克，小茴香 10 克，精盐 50 克，五香粉 50 克，葱 10 克，姜 30 克，酱油 5 克，香油 15 克。

制作步骤

？想一想

如何防止熏制菜肴出现有害成分？

烟熏鸡的制作见图 9-4。

第一步，选购肥嫩仔土鸡，宰杀处理，用清水冲洗干净。姜切成块，葱洗净挽结，花椒、八角、小茴香装入布袋。

第二步，将鸡放在盆中，用精盐、五香粉擦遍鸡体内外，葱、姜塞入鸡腹，腌渍 60 分钟，然后取出姜、葱，把鸡爪塞入鸡腹内，鸡头颈别在背上用鸡翅别住。经整形后的鸡，先置于加好调料的老汤中略加浸泡，然后放在锅中，用慢火煮至入味，捞出用干净纱布擦干。

第三步，将鸡放在盆中，用酱油抹遍全身使其均匀上色。

第四步，把鸡挂在熏炉中，用半燃的柏木锯末、樟树叶、茶叶、花生壳熏烤，至鸡皮光亮油润，再刷上一层香油即可出炉。

第五步，将熏好的鸡改刀成小块装盘即可。

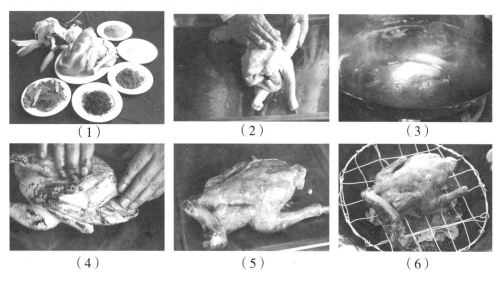

（1）　　　　　（2）　　　　　（3）

（4）　　　　　（5）　　　　　（6）

（7）　　　　　　　　　　（8）

（9）

图9-4　烟熏鸡的制作

 行家点拨

熏鸡外脆里嫩，色泽枣红明亮，味道芳香。操作过程中应注意：

1.要选用嫩鸡，制作时易熟易入味，同时，熏制出来的鸡口感好。烟熏之前需要先将鸡腌制入味并加热成熟。

2.烟熏的燃料以稻草、柏木锯末、樟树叶、茶叶、花生壳为宜，忌用带有异味的燃料。

3.熏制的火候掌握是鸡味好坏的关键，时间短，不宜入味；时间长，易出煳味。

相关链接

熏是利用烤火取暖时的烟气将食物加工成熟的一种方法，与烧和烤类似，是最原始的食物制作方法之一，早期极可能是直接熏制，继而是加盐拌或用盐抹在食物上腌制后再用烟火灼炙，如咸肉和腊肉。腊肉和咸肉主要区别在于腊肉先经过腌制，再进行熏制。我国各地均有腊肉的腌制，以南方较多，如四川腊肉、湖南腊肉、广东腊肉等，其中以广东腊肉最为著名。腊牛肉、腊羊肉，以华北和西北地区生产较多。在鄂西北房县、神农架等深山老林一带还储存熏麂子。

防风熏豆是流传于浙江德清、余杭一带民间的关于防风氏的传说。防风氏是与大禹同时的另一位治水能人，防风氏曾在浙江一带治水，当地百姓曾用橘皮、野芝麻泡茶，为他祛湿驱寒，另以土产烘青豆佐茶。防风氏性急，将豆倒入茶中，连茶汤带烘豆一口吃。这样一来，防风氏更加力大无边，治水业绩更加辉煌。这种饮茶习俗沿袭了2800多年，被唐代茶圣陆羽所肯定。从此，湖州、杭州、嘉兴等地吃熏豆茶越来越讲究。

精品赏析

烟熏鲳鱼

选用新鲜鲳鱼宰洗干净，加入料酒、姜、葱、味精、精盐拌匀，腌制入味，上蒸笼加热至八成熟，再使用慢火烟熏至鱼表面呈金黄色时取出。成菜色泽金黄，味鲜香（图9-5）。

图9-5 烟熏鲳鱼

拓展训练

一、思考与分析

1. 为什么一般要将熏料放在密封的容器内进行熏制？

2. 熟熏与生熏性质有何不同？

二、菜肴拓展训练

根据提示，制作熏豆。

工艺流程

新鲜毛豆粒→清水浸洗→放入盐水中煮熟→捞出晾干→将盛着青豆的竹筛箕放在炭炉的架上熏制→至八九成干燥→装盘成菜。

想一想

在熏制类菜肴制作中，如何落实绿色生产、低碳生活的理念，减少碳排放？

制作要点

1. 选用优质青豆，将外荚剥去，用清水浸洗，沥干水。

2. 备锅一只，放入清水1000克，加盐烧开，把青豆倒入锅中，用竹筷搅匀，待水再次烧开，约10分钟豆肉已煮熟，倒在竹筛箕上晾干。

3. 准备炭火炉一只，烧旺炭火，将盛着青豆的铁丝筛子放在炭炉的架上，烘至八九成干便可。

4. 将铁丝筛子移开，把炭炉上的炭火减低，炭炉面铺上木屑，使其冒出烟后，再把盛青豆的铁丝筛子放上熏，约熏10分钟便可（图9-6）。

成品香味独特，粒形干燥完整。

（1）

（2）

图9-6 熏豆

任务三 烤

 主题知识

　　烤就是将经过腌渍或加工处理的原料，放入以柴、碳或煤气、液化气为燃料的烤炉或红外线、远红外线烤炉中，利用辐射热直接或间接将原料烤熟的一种方法。

一、烤的分类

　　根据烤炉的设备及操作方法的不同，烤可分为明炉烤和暗炉烤两大类。

二、操作要领

　　（一）明炉烤的操作要领

　　第一，烤制的菜肴应选用外表皮完整的原料，如乳猪、肥鸭等。

　　第二，烤制的原料需要经过腌渍、吹气、上叉、烫皮、涂抹饴糖、晾干表皮等过程。

　　第三，不可将原料直接放在浓烟滚滚的炉上烤，也不可在火焰燃烧很强烈时上炉烤。

　　第四，烤制时要转动原料，不易成熟的部位要反复烤，直至成熟。

　　（二）暗炉烤的操作要领

　　第一，型大、不易成熟的原料烤制时间较长，烤炉内的温度不可太高；型小、易成熟的原料，炉内温度要高一些，加热时间可短一些。

　　第二，烤箱在使用前，有一个预热过程。

　　第三，暗炉烤的原料大多要事先调味，体积大的原料腌渍的时间要长一些。

　　第四，烤制好的菜肴应迅速上桌，以保持其脆度、香味和色泽。

 烹饪工作室

典型菜例 烤鱼

工艺流程

原料准备→改刀成形→腌渍→烤制→成菜装盘。

主配料

小黄鱼500克（或鳗鱼、鱿鱼、小溪鱼均可）。

调料

盐10克，姜粉5克，料酒20克，胡椒粉2克，生抽15克，蜂蜜10克，五香粉5克，孜然粉3克，葱段10克，姜片10克，蒜末10克，红椒片10克，橘瓣10克（图9-7）。

图 9-7　烤鱼的主配料与调料

图 9-8　烤鱼

制作步骤

第一步，将鱼收拾干净，背上开两刀，挤上橘瓣汁，撒上盐、姜粉、料酒、胡椒粉等调料拌匀，使之入味。

第二步，在鱼腹内填上葱段、蒜末、红椒片和姜片用于去腥。

第三步，用生抽、蜂蜜调成酱汁刷在鱼上并均匀地撒上五香粉、孜然粉。

第四步，烤箱 180℃预热，将鱼放在烤网上置于烤箱中层，一个烤盘放在烤箱底层用于接住滴下来的油脂，180℃烤 20 ～ 25 分钟取出翻面，并在表面刷酱汁，再撒孜然粉、五香粉，转 200℃烤到鱼表面干爽即可。

第五步，将烤好的鱼放入盘子中上桌（图 9-8）。

 行家点拨

1. 鱼在腌渍时一定要腌渍入味，调料涂抹均匀。

2. 烤制时注意时间的把握，特别是 200℃烤制时，至表面干爽即可，不宜过火。

 精品赏析

烤羊腿

烤羊腿菜形美观，颜色褐红，肉质酥烂，味道香醇，色美肉嫩，浓香外溢，佐酒下饭，老少皆宜，实乃草原美味佳肴之一。烤羊腿是蒙古族名菜，流传广泛，西北各地皆有制作。此菜以羊腿为主料，经腌渍再加调料烘烤而成。成菜羊腿形整，颜色红润，酥烂醇香，滋味鲜美，回味悠长（图 9-9）。

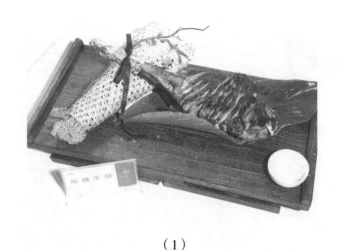
（1）

（2）

图9-9　烤羊腿

相关链接

烤的历史

　　烧烤是历史悠久的烹饪方法，如果从人类使用火开始计算，应该有100多万年的历史了。原始人把猎物用火烧熟后食用，是最古老的烹饪方法。古书记载，烧烤食品曾经是中国商周时期的主要食物。当然，这与当时的烹饪工具和烹饪技术水平有关。到了秦汉时期，烧烤之风仍然盛行。据《西京杂记》记载，汉高祖刘邦即位以后，常以烧烤鹿肝、牛肚下酒。天子如此，臣子莫不如此。

　　隋朝时期，整个民族文化的昌盛也带来了饮食文化的发展。但在众多的烹饪方法中，烧烤食品依然占据重要的位置。这时候的烧烤已经对用火、用料等方面都有了比较详细的要求。《北史·王劭传》中就有"新火旧火，理应有异"的说法。可见，当时的烧烤造诣已经很深了。

　　宋代，烹饪方法更加繁多，烧烤食品也更为精致多样。《梦粱录》中记载的烧烤食品就达到十多种，这也是古代烧烤的鼎盛时期。南北朝时期，烧烤的制作工艺有了进一步的发展。这在《齐民要术》中有较多的记载。这时的烧烤不仅用料、式样更加考究，而且在调料的配方上也有很大的突破。

　　元朝时期，羊类烧烤是皇室的珍味。明清时期，烧烤食品更加普及，据史料记载，清康熙二十五年（1686年），北京大街上就有小贩沿街叫卖烤肉。在《红楼梦》里面曹雪芹也曾经写到大观园里面的烧烤鹿肉，当时，烧烤菜也是各种宴请的要菜。

拓展训练

　　一、思考与分析

　　烤箱在使用过程中要注意哪些方面？

　　二、菜肴拓展训练

　　根据提示，制作烤鸡翅。

　　工艺流程

　　原料→清洗→腌渍→第一次烤制→抹上蜂蜜→第二次烤制→成菜装盘。

制作要点

1. 将鸡翅洗净，使用盐、料酒、白糖、胡椒粉、黄姜等腌渍半小时左右。
2. 将鸡翅摆放在烤盘中，放入已预热的烤箱中，在200℃左右烤6～7分钟，取出，抹上蜂蜜。
3. 再一次放入烤箱，烤制5分钟左右，成菜装盘。

任务四　焗

主题知识

焗是使食物间接受热成熟的一种方法。焗可以分为炉焗、盐焗等方法。炉焗是运用炒、烩、烧等方法将加工后的原料烹制成半熟状态，然后放入烤箱或焗炉中急速加热成熟的烹调方法。其中，盐焗法是将经过初步加工调味后的原料，包裹好并埋入灼热的盐粒中，使原料成熟的一种烹调方法。

盐焗的操作要领如下。

第一，最好选用粗盐。

第二，多选用质嫩易熟、滋味鲜美的原料。

第三，原料需要在加热前进行腌渍处理。

第四，原料在包裹时，应选用耐高温的材料，如锡纸。原料包裹应整齐严密，不可太松，以防盐粒进入菜肴内部。

第五，有些较难成熟的原料，在埋入热盐中后，可在锅底用小火或微火慢慢地加热。

烹饪工作室

典型菜例　盐焗虾

工艺流程

原料准备→腌渍→将虾串在竹签上→烤制→成菜装盘。

主配料

虾200克。

调料

粗盐500克，细盐3克，胡椒粉5克，白葡萄酒15克。

制作步骤

焗盐虾的制作见图9-10。

第一步，粗盐用炒锅炒热。

第二步，虾洗净，剪去须子，去虾线。用细盐、胡椒粉、白葡萄酒腌渍10分钟，穿在竹签上，用锡箔纸包裹。

第三步，先将粗盐放在烤盘里，放进提前预热的烤箱，上下火 200℃烤 5 分钟灼热，然后将虾埋在粗盐中焗至刚熟即可。

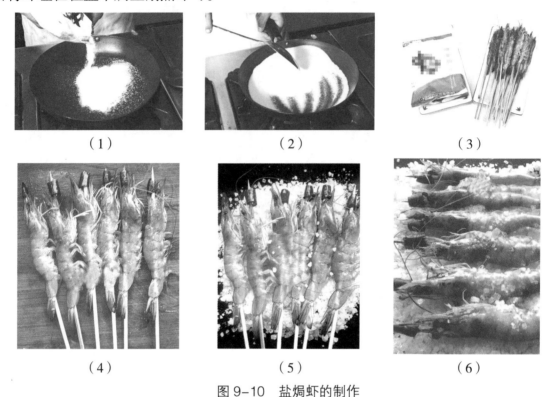

（1）　　　　　　　　（2）　　　　　　　　（3）

（4）　　　　　　　　（5）　　　　　　　　（6）

图 9-10　盐焗虾的制作

 行家点拨

此菜虾肉质鲜嫩，营养丰富，色泽红亮，外香里嫩。操作过程中应注意：

1. 原料在烹调前要腌制入味。

2. 盐焗时，盐量要足，这样可使原料受热均匀，保证菜肴的风味。

3. 注意焗制的时间，控制好成熟度。

 精品赏析

盐焗蟹

盐焗蟹采用肥美新鲜的大闸蟹，加上大厨秘制的调味料，用天然晾晒的海盐焗制而成，味道鲜美且原汁原味，实属上品（图 9-11）。

图 9-11　盐焗蟹

 拓展训练

一、思考与分析

盐焗为什么要选用粗盐来制作？

二、菜肴拓展训练

根据提示，制作盐焗鸡。

工艺流程

选料（净鸡一只）→洗净风干→锡纸包好鸡→ 铺盐焗制→焗制时翻面→焗12分钟左右。

制作要点

1.鸡宰杀后要洗净风干，以免影响成菜品质。

2.焗制时注意控制温度与焗制的时间（图9-12）。

图9-12 盐焗鸡

任务五 微波烹法

主题知识

微波炉使用方便、操作安全，已经成为现代许多家庭、厨房必不可少的烹调工具。微波烹法，就是利用微波作为热源将烹饪原料加热至熟的成菜方法。

微波炉加热属于热辐射的一种，由于微波具有很强的穿透能力，所以微波烹调具有以下特点。

第一，加热速度快，省时高效。

第二，微波炉加热热能损失小，能最大限度保持食物营养。

第三，操作方便，温度、时间都可方便地控制。

第四，无油烟、无灰尘、污染小，清洁环保等。

 ## 烹饪工作室

典型菜例 风味排骨

工艺流程

原料准备→刀工成形→腌渍调味→裹膜扎孔→微波蒸制→成菜出炉。

主配料

肋条排骨500克。

调料

精盐5克，料酒10克，味精2克，豆豉辣酱15克，泡辣椒5克，葱、姜各5克。

制作步骤

风味排骨的制作见图9-13。

第一步，将肋条排骨开条剁成骨牌块，葱白切段，葱绿切末，姜切片，泡辣椒切丁待用；排骨用清水洗净后沥干水分，放在碗内，加入适量精盐、料酒、味精、葱白、姜片、豆豉辣酱、泡辣椒等拌匀，腌渍15分钟。

第二步，将腌渍好的排骨摆放在微波器皿中，盖上盖子（或包上保鲜膜，并用牙签在保鲜膜上戳几个小孔），放入微波炉里用高火烹制5分钟左右取出，趁热撒上葱花即可。

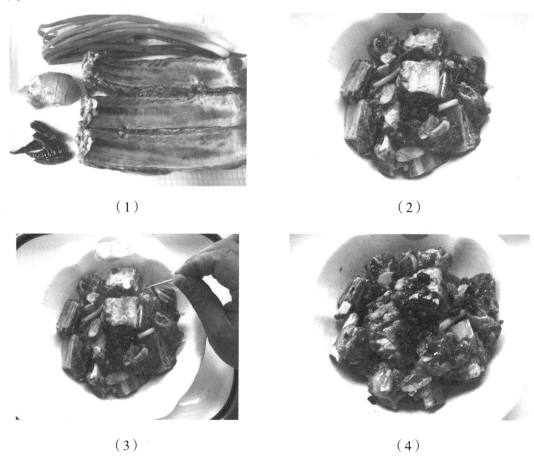

（1）   （2）

（3）   （4）

图9-13　风味排骨的制作

小贴士

1. 排骨有很高的营养价值，富含蛋白质、脂肪、维生素等。

2. 排骨还含有大量磷酸钙、骨胶原、骨粘蛋白等，可为幼儿和老人提供钙质。

行家点拨

此菜肴肉质鲜嫩，豆豉酱香浓郁，香辣风味独特。操作过程中应注意：

1. 在加热前调味，腌渍时应掌握各种调味品的用量。

2. 保鲜膜覆盖后，需要用竹签或尖物将这些食物穿些小孔，以利于水蒸气释放出来，避免产生爆裂。

微波烹调

微波烹调与常规烹调有许多共同点，但也有一些在常规烹调中不常用的技巧，运用这些技巧的主要目的是使食物能得到均匀的加热，如覆盖、穿刺、搁置、搅拌、翻转、重摆等。

覆盖不仅可以控制水分的损失，同时还可以将热量保留在容器内，并挡住食物过热时发出的喷溅。操作时可以用容器本身的盖子，也可以使用塑料保鲜薄膜或纸巾等。穿刺是在进行微波烹调前，必须将那些带壳、有膜或表面被密封的食物先用针或牙签穿刺，使食物被迅速加热后的蒸汽能通过这些小孔溢出，防止容器内气压过高而发生爆破。搁置是在微波炉（图9-14）中加热后静置一定时间，使食物依靠自身内部的热量传递，完成自身烹饪，使食物内外的温度趋于一致。由于种种原因，食物在微波炉中受热不是很均匀，在微波炉加热一段时间后，需要停机打开炉门，进行适当的搅拌、翻转和重摆。

微波烹调的注意事项：

1. 微波炉加热容器在选择上以不刻花玻璃、聚乙烯或聚丙烯塑料容器为好；形状以浅盆、坦盘为优，瘦长杯形容器不适宜。

2. 原料排放整齐均匀，厚度一致，以保证菜品受热成熟均匀。

3. 瘦肉比肥肉熟得快，排列时应让肥肉在外围。鸡、鸭肉靠近骨头处不易熟，所以尽量去骨。

4. 带皮（如土豆、红薯等）食物时，需要用竹签或尖物将这些食物穿些小孔，以利于水蒸气释放出来，避免产生爆裂。

小贴士

微波炉烹饪五切记

1. 同一食物不要反复用微波来加热。

2. 掌握不同食物的微波烹调时间。

3. 瓜果蔬菜不要使用微波烹调。

4. 不要用微波炉加热带壳或有密封包装的食物。

5. 加热米饭、糕点时最好带点水。

图9-14　微波炉

 ## 精品赏析

微波粉蒸肉

荷叶粉蒸肉是杭州享誉颇高的一道特色名菜。它始于清末，相传与西湖十景之一的"曲院风荷"有关。杭州菜馆厨师为适应夏令游客赏景品味的需要，特用"曲院风荷"的鲜荷叶，将炒熟的香米粉和调好味的肉包裹起来用蒸汽蒸制而成，其味清香，鲜肥软糯而不腻，嫩而不糜，是夏季可口的风味菜肴。

微波粉蒸肉用微波代替水蒸气，只是为防止水分外溢，需在荷叶外再包一层玻璃纸，如此制作该菜肴，风味不减（图9-15）。

图9-15　微波粉蒸肉

一、思考与分析

1. 什么是微波烹法，它有什么特点？

2. 微波烹调要注意哪些事项？

二、菜肴拓展训练

根据提示，制作浓情香鸡翅。

工艺流程

原料准备→刀工处理→腌渍调味→裹膜扎孔→微波蒸制→成菜出炉。

图 9-16　浓情香鸡翅

制作要点

1. 鸡翅洗净，中间剖一刀，大蒜切末备用。

2. 加入黄酒、豉油鸡汁、白糖和蒜末腌制半小时。

3. 腌制好的鸡翅剔去蒜泥，然后两面刷蜂蜜。

4. 放在微波炉里面中高火加热 10 分钟即可（图 9-16）。

任务六　石烹法

主题知识

第一，什么是石烹法？

石烹法，是指将经过加工的半成品的原料，用石子（鹅卵石）、石板等作炊具，间接利用火的热能制作菜肴或食物的烹调方法。

一般用"石烹法"制作的菜肴具有味型多变、质感细嫩的特点，在实际操作运用过程中也有用铁板等金属制品充当石子或用石板作为传热媒介的，现在广东一带流行的"铁板菜肴"就是很好的一个例子。

第二，什么是"铁板烧"？

所谓"铁板烧"，是先将铁板烧热，再在上面烹制菜肴或食物的一种烹调方法。

这种烹调方法相传最早是西班牙人在十五六世纪时发明的，后经美洲大陆的墨西哥及美国加州等地传入日本等亚洲国家。

 烹饪工作室

典型菜例　铁板黑椒牛柳（铁板烧）

工艺流程

原料准备→刀工处理→腌渍调味→味汁调制→滑油初步制熟→铁板盛装→倒入味汁继

续加热（或铁板预热）→成品出菜。

主配料

牛柳 300 克，洋葱 100 克，青椒 50 克，红椒 30 克，小葱 75 克。

调料

食碱 3 克，鸡蛋 15 克，唥汁 5 克，黑胡椒末 10 克，生抽 15 克，蒜末 8 克，绍酒 10 克，番茄酱 8 克，上汤 40 克，盐 5 克，麻油 3 克，味精 10 克，黄油 25 克，砂糖 8 克，植物油 750 克，生粉 15 克。

制作步骤

铁板黑椒牛柳的制作见图 9–17。

第一步，将牛柳去筋后切成长约 5 厘米、宽约 0.4 厘米的片，洋葱、青椒切成丝，红椒切细粒，小葱切细粒，大蒜拍碎剁成细茸；牛柳加入食碱 3 克，生抽 6 克、味精 5 克、绍酒 5 克、清水 75 克、生粉 10 克，拌匀至粘手进行腌渍，再加入鸡蛋 15 克拌匀，表面淋入净植物油，放入冰箱冷藏 3 小时以上备用。

第二步，炒锅上火烧热，加入黄油熬化后，放入葱粒、红椒细粒及蒜末，煸香后放黑胡椒末稍煸，再加入番茄酱、绍酒、生抽、砂糖、盐、唥汁、味精、上汤，熬开 5 分钟，制成黑胡椒汁倒入碗中备用；预备大号铁板、灯盏各一个，铁板上火烧热后关小火温着。灯盏中盛入半盏黑胡椒汁。

第三步，炒锅大火烧热，加入 750 克植物油，烧至五成热时，将牛柳滑至八成熟倒出沥油。

第四步，炒锅再上火烧热，加少许底油，加入一半洋葱丝、青椒丝煸香，再加入牛柳，烹绍酒及黑胡椒汁，勾薄芡，翻炒均匀。盛入烧好的铁板上（铁板在盛菜之前先淋入少许麻油，撒入另一半洋葱丝，再马上将菜盛入），盖好盖，即可跟灯盏一起上桌。

第五步，菜上桌，将盖打开，倒入灯盏内的汁，再加盖，等 10 秒即可食用。

（1）

（2）

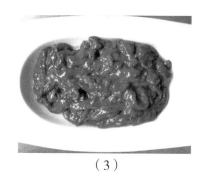

（3）

（4）

（5）　　　　　　　　　（6）　　　　　　　　　（7）

（8）

图 9-17　铁板黑椒牛柳的制作

行家点拨

此菜肴胡椒味浓郁，肉质鲜嫩，味咸鲜胡辣，在制作的过程中应注意：

1. 最好用牛柳，也可以去筋牛腿肉代替，但原料必须新鲜。

2. 牛肉在腌渍时，根据质量可适当增减食碱和清水比例。牛肉老，应多加水，适量增加食碱，使其鲜嫩。

3. 牛肉腌渍时间应充足，太短则食粉未起作用，肉质不嫩。

4. 黑胡椒汁调料比例要准确，口味咸、鲜、微甜，黑胡椒及洋葱的香味突出。

5. 铁板用中火烧热即可，大火易将铁板烧红，盛入菜肴时会出现糊底现象。

6. 原料下锅，要勤搅动，使其受热均匀。油温不要低于五成热。如过低易出现原料脱水，脱浆，失去滑嫩效果。

7. 此品炒菜、盛菜、上菜都要求动作迅速，准确，一个环节掌握不好，将功亏一篑。

小贴士

我国山西风味小吃——石子饼因传承了远古石烹法技术，被专家称为"活化石"，其烹调方法是主要利用石块传热慢，布热比较均匀的特点，从而达到控制火候的目的。其做法是先将小鹅卵石放入平底锅加油炒热至冒烟，再用面粉、油、盐、糖或加生猪油制成饼坯，将饼铺于小鹅卵石上烤熟后揭下即食。石子饼的特点是色泽微黄，形呈凹凸，香酥松软，易于消化，携带方便，经久耐储。

相关链接

一、石烹

石烹是我国古代一种原始的烹饪方法，其历史可追溯到铁器还未产生的旧石器时代。这一时期，先人已经告别茹毛饮血的生食历史，开始了烹饪熟食的时代。《礼记》中记载："夫礼之初，始诸饮食，其燔黍捭豚。"汉代郑玄注："古者未有釜，释米捭肉，加于烧石之上而食之耳。今北狄犹存。"石烹有几种形式：一是外加热，将石头堆起来烧至炽热后扒开，将食物埋入，包严，利用向内的热辐射使原料成熟；二是内加热，将石头烧红后，填入食物（如牛羊内脏）中，使之受热成熟；三是烧石煮法，取天然石坑或在地面挖坑，也可用树筒之类的容器，内装水并下原料，然后投入烧红的石块，使水沸腾煮熟食物。

我国山西风味小吃——石子饼就是石烹法的典型代表（图9-18）。另外，在拉萨市东南部的门巴族到今天还习惯在烧红的薄石板上烙荞麦或烙肉。西双版纳地区的布朗族的卵石鲜鱼汤，也是在野外用烧红的鹅卵石煮鱼的。

二、铁板烧

相传铁板烧是在十五六世纪时由西班牙人所发明的。当时西班牙的航运发达，经常扬帆航行于世界各地。由于海上生活枯燥乏味，船员只好终日以钓鱼取乐，钓到鱼之后，将鱼放在铁板上炙烤得皮香肉熟，然后食用。后来这种烹调法由西班牙人传到美洲大陆的墨西哥及美国加州等地，直到20世纪初传入日本，经改良成为名噪一时的日式铁板烧。

铁板烧这种方法其实与石烹法有异曲同工之妙，是古代石烹法的传承、发展与创新。追求创新的广东粤菜厨师根据石烹法，将铁板烧结合中式烹调和饮食习惯，把大块长方形石板（或铁板），缩小成长圆的中国鱼盘形状，这样既符合中国人的饮食习惯，又使我们在这小小的铁板中领略到了异国的情趣。黑椒铁板牛柳就是西菜中吃，洋为中用，是将铁板菜发扬光大的典型菜例(图9-19)。

古代"石烹法"可谓是人类最早的"铁板美食"，现在流行的"铁板饭菜"是远古石器石烹法的一个遗留。

（1）

（2）

图9-18　山西芮城石子饼

图9-19　黑椒铁板牛柳

精品赏析

铁板茄汁鱿鱼

鱿鱼作为一种美食，历来深受人们的喜爱，鱿鱼中含有丰富的钙、磷、铁元素。鱿鱼除了富含蛋白质及人体所需的氨基酸外，还含有大量牛磺酸，是一种低热量食品。此菜肴不仅制作考究，造型美观，而且汁浓味足，风味独特。制作要点如下。

1. 将经过初加工的整只鱿鱼沸水中火汆 3 分钟后，入卤水中微火卤 30 分钟。

2. 另起油锅，将洋葱末炒香，加入番茄沙司、沙拉酱、海鲜酱、黑胡椒汁、味精调成汁。

3. 铁板烧至九成热，铺上船形锡纸，将卤好的鱿鱼筒沿头尾打上间距为 1 厘米的直刀，然后放在锡纸内，浇上调好的汁，撒上葱末即可上席（图9-20）。

图 9-20　铁板茄汁鱿鱼

拓展训练

一、思考与分析

1. 什么石烹法？

2. 什么是铁板烧？如何控制铁板的温度？

二、菜肴拓展训练

根据提示，制作铁板红酒猪排。

工艺流程

原料准备→刀工成形→腌渍调味→油煎至熟→味汁调制→铁板盛装→倒入味汁继续加热（或铁板预热）→成品出菜。

制作要点

1. 将外脊肉批成 0.8 厘米厚的片，加入盐、胡椒粉、红葡萄酒拌匀略腌，拍上干淀粉，放入油锅内煎熟。

2. 把葡萄酒、精盐、胡椒粉、柠檬汁混在一起调成味汁。

3. 炒锅加色拉油烧热，加洋葱粒、大蒜粒炒香，再加入番茄酱炒熟，倒入烧热并铺了一层锡纸的铁板上，加入外脊片，浇上混合味汁，加盖上桌即可（图9-21）。

此菜肴色泽鲜艳，香味浓郁。

图 9-21　铁板红酒猪排

 项目评价

油烹法评分表

分数	指标								
	选料合理	刀工处理准确	投料准确	设备使用得当	口味适中	色泽恰当	芡汁适宜	操作规范	节约卫生
标准分	10分	10分	15分	10分	15分	10分	10分	10分	10分
扣分									
实得分									

注：考评满分为100分，59分及以下为不及格，60～74分为及格，75～84分为良好，85分及以上为优秀。

学习感想

项目十
打 荷

项目介绍

　　"打荷"是源于粤菜的一个岗位名词，最初的目的是为厨师减轻负担。"打荷"又称"打围""铺案""掐边"等，它的专业术语又称"热菜助理"，是饮食行业红案工种之一。其工作内容主要包括调料添置、料头切制、菜料传递、分派菜肴给"炉灶"烹调，辅助炉灶厨师进行菜肴烹调前的预制加工，如菜料的上浆、挂糊、腌制，清汤、毛汤的吊制；餐盘准备、盘饰、菜肴装盘，辅助炉灶厨师进行各种调味汁的配制等。由于打荷岗位对于厨房正常生产秩序的运转和促进菜肴质量的提高起着一个非常重要的作用，因此，很快便在中餐厨房迅速传播并被广泛接受。

学习目标

1. 熟悉所有打荷岗位的工作流程和技术要求，学会不同炉台的打荷技巧。
2. 熟悉热菜装盘的要求。
3. 了解盛菜器皿的种类和用途。
4. 掌握盛器与菜肴配合的原则。
5. 学会各种复合调味料的调制。

任务一　打荷程序

主题知识

随着各地厨房管理经验的不断交流与传播，现代餐饮酒店厨房管理水平的不断提高以及规模酒店分工的细致化，打荷被纳入了厨房生产管理内容中并成为其中的一个重要环节。

传统的厨房操作分工较粗，对于一些具体的操作不能明确落实到位，如浆的调制、糊的调制、菜肴围边、点缀、料头切制等，可以由切配人员来完成，也可以由烹调人员来完成，这样分工容易造成相互推诿，从而影响正常的生产秩序和菜肴的质量与出菜速度。

现代的厨房运行将打荷纳入了厨房的管理内容中，而正是打荷所处位置的特殊性和重要性，使它成了现代厨房中不可缺少的一个岗位。砧板师傅将切配好的菜肴传递给打荷厨师，打荷厨师根据菜单内容和要求、菜肴制作的工艺流程和要求进行菜肴烹调前的预制加工，如上浆、制糊、原料的浸泡漂洗、腌制、控水等，然后按照上菜的顺序、速度，有条不紊地分配给炉灶厨师进行烹调。菜肴烹制完毕之后，打荷厨师随即配合炉灶厨师进行装盘、摆放、盘饰、卫生处理，最后由打荷厨师将菜肴传递给传菜员，完成菜肴在厨房生产中的最后一道工序。由此可以看出打荷厨师的重要性，而非有些厨师认为的打荷只不过是端盘、抹桌、扫地、拿菜等普通工种。

在日常厨房生产中，打荷厨师所应掌握的操作技能和操作要领如下。

第一，熟悉各类菜肴制作前的预制加工，掌握腌制、上浆、挂糊技术，了解各种浆、糊的配制用料、调配比例，以及清汤、毛汤的吊制。

第二，能根据不同菜肴不同的口味、质感、外形、色泽选择正确的着衣方式；掌握熟练的刀工技术，切制各种料头的规格、数量要符合厨房生产需要，做到大小、厚薄、粗细、形态一致。

第三，懂得调料的品质鉴定，掌握调料的盛装保管。例如，环境中温度、湿度不宜过高或过低；某些调料应避光和密封，如油脂接触阳光易被氧化变质，料酒、醋暴露在空气中易挥发；需加工的调味品一次不宜加工过多，如湿淀粉、花椒油、葱、姜米等，否则易变质，造成浪费。

第四，掌握调料的放置原则，如先用的放得近，固定的放得远；有色的放得近，无色的放得远，同色的间隔放置等。

第五，了解排菜、发菜顺序，如宴席的上菜顺序规则，能灵活根据当时的生产经

营需要掌握发菜的速度及先后顺序。

第六，能够准确及时地根据砧板与炉灶间的生产经营需要掌握发菜的速度、先后顺序；能够准确及时地做好砧板与炉灶间的菜料传递，分派菜肴适当。

第七，能根据菜肴的品种、规格、档次选择适合的餐具进行装盘处理，了解盛器与菜肴的相配原则，装盘自然合理、造型美观、熟练自如、盘饰美观大方、速度快捷、整洁卫生；所加工用于盘饰的作品种类丰富、造型美观、刀法娴熟，懂得点缀围边的方法和注意事项，如局部点缀法、半围点缀法、对称点缀、中心点缀等，点缀物与菜肴表现形式相协调，摆放不可混杂，不可喧宾夺主等。

任务二　材料准备

 烹饪工作室

一、佐料准备

切配各种料头，如葱花、葱段、姜丝、姜末、蒜泥等，将切好的料头放入固定的料盒内，辅助炉灶厨师进行各种调料及调味汁的配制加工，如剁泥、绞末等，并做好保鲜储藏工作。料头的种类和数量应根据当天实际需要预备。每种料头要求大小、粗细、长短、厚薄一致。料头的形状有丝、段、片、丁、块等。佐料的准备见图 10-1。

（1）　　　　　　　　　　　　　　（2）

图 10-1　佐料的准备

二、调料准备

根据业务情况，检查所用调味品是否齐全。增补调味品时首先填写好提料单，按时到库中提出当日所需全部调料。并按《原料质量规格书》中规定的质量标准，对领取的当日所需调味料进行质量检验。正确合理地加减调味品，先取先用，保证调味料质量。调料的准备见图 10-2。

（1）　　　　（2）　　　　（3）　　　　（4）

图 10-2　调料的准备

三、装饰原料准备

　　根据宴会或菜肴的要求，准备所需的装饰原料，并将它妥善保管。如鲜花、荷兰芹、西兰花、法兰、香菜叶以及雕刻品种等。应做到先取先用，保证装饰原料的新鲜，置于低温处保管，以防干瘪、萎缩。空闲时间检查装饰物是否有萎缩、腐烂等情况，如出现这些情况应及时处理掉，以保证装饰物的新鲜。装饰原料的准备见图 10-3。

（1）　　　　　　　　　　　　（2）

图 10-3　装饰原料的准备

四、各类餐具准备

　　（1）餐具规格数量符合盛菜要求，摆放位置合理，取用方便。

　　（2）根据大型宴席菜单或零点需要，分别列出各类餐具的名称和数量，并于开餐前 30 分钟领取各类餐具。

　　（3）对于宴席使用的特色餐具与专用餐具，应于开餐前与菜单核对，检查所有菜品是否都有相应餐具，补遗拾漏。

　　（4）如餐具不入柜，应取保鲜膜或洁净的台布将餐具遮盖，防止灰尘或随意取用。起菜开始，揭去遮盖物，根据菜肴分别取用相应餐具，各类餐具的准备见图 10-4。

（1）　　　　　　　　　　（2）　　　　　　　　　　（3）

（4）　　　　　　　　　　（5）　　　　　　　　　　（6）

图 10-4　各类餐具的准备

 行家点拨

1. 从库房领取当天需要补充添加的各种调味料，协助炉灶厨师进行添加补充。

2. 按当天生产的需要，准备好各种用于调制浆、糊的原料，需提前调制的则要提前调制，如脆皮糊等。

3. 开餐时，在接到主配厨师传递过来的菜料时，先要认真确认菜名、种类、烹调方法、桌号，看清楚无误后，再根据菜肴烹制要求及工艺流程进行腌制、上浆、挂糊及控干水分等烹制前的预制加工，要做到及时、准确、无误。

4. 按主配师配制菜料的传递顺序，打荷厨师将经过预制加工的菜肴原料按照烹调方法的不同，传递给各个炉灶厨师，如炒灶、蒸灶、炖灶等，需要快起（客人催菜）时，打荷厨师要及时调整发菜顺序，将需快起的菜肴配合炉灶厨师优先烹调。在进行分派菜肴烹调时，打荷厨师要注意菜肴的合理分派，统筹安排；更要注意不可弄错、弄丢每道菜肴的台号。

5. 打荷厨师在炉灶厨师烹制菜肴的同时，要根据菜肴的规格、数量、装盘要求，准备好相应的餐具、盘饰用料以便装盘。盘饰较烦琐的要提前装饰好，并确保卫生；需要提前预热的餐具，如铁板则需要提前加热，控制好加热时间。

6. 直接由炉灶厨师装盘的菜肴，在炉灶厨师装盘完毕后进行质量检查，如有无异物、焦煳点，汤汁是否外溢等方面，使菜肴更加饱满，外形美观。

7. 将整理好的菜肴根据审美需要和菜式规格进行适当地点缀装饰，装饰物要干净、清爽，装饰手法娴熟、速度快捷。

8. 将装饰好的菜肴经过认真、严格的检查，包括台号，确认合格后迅速传递到备餐间，交给传菜员，如果是快起的，或是更换、重新加工的，则须特别说明告知传菜员。

相关链接

"打荷"一词的由来

　　打荷里的"荷"原指"河"，有"流水"的意思。所谓"打河"，即掌握"流水速度"，以协助炒锅师傅将菜肴迅速、利落、精美地完成。厨房中按工作能力，可将打荷依次分为头荷、二荷、三荷与末荷。

拓展训练

　　1.打荷岗位的一个重要职责就是为菜肴美化装饰，现代餐饮和现代厨房的装盘点缀艺术已经从果蔬雕到鲜花点缀，逐渐发展成中西结合的艺术盘饰，图10-5所示的是打荷厨师需要制作的各类盘饰。

（1）　　　　　　　　（2）　　　　　　　　（3）

（4）　　　　　　　　（5）　　　　　　　　（6）

图10-5　打荷厨师需要制作的各类盘饰

　　2.通过典型任务的设计，来领悟中华优秀传统文化的魅力，培养实践创新能力；引导学生厚植中华优秀传统文化，增进文化认同，坚定文化自信。

任务三 环境卫生清洁

 主题知识

　　环境卫生清洁是一项极其重要的工作。打荷厨师进入岗位后，将打荷台面清理干净，做到台面无油污、干爽、清洁。准备好所要用并经消毒的打荷工具，如墩板、菜刀、镊子、铲刀、筷子、抹布（专用于抹桌的和专用于抹盘的）数块、一次性手套、盛器等，特别是直接与餐具接触的抹布和与食品接触的筷子、一次性手套要严格消毒，并摆放在专用盘子或盒子内，以防污染。消毒过的餐具按当前餐次的生产需要及常用的规格品种摆放在打荷台上或餐具储存柜内，要做到取用方便。

　　烹饪工作室

一、调料架、调料罐清洁

　　将调料罐移至一边。先用钢丝球蘸洗涤剂把调料架、不锈钢盆和调料罐刷洗，再用抹布将调料架和不锈钢盘洗净、擦干。把调料罐逐一清理，将余下的固体调料倒入洗净并擦干的调料罐，液体调料用细箩去掉杂质，倒入洗净并擦干的调料罐。清理完将调料罐移回原处，码放整齐。达到干净无杂物，调料之间不混杂，料罐光亮（图10-6）。

二、调味料柜清洁

　　清理柜中存放的调料或罐头，检查是否过期，有无膨胀。把

图 10-6　调料架、调料
罐的清洁

它们拿出来，用湿布擦洗柜子内部，如有污物用洗涤剂擦净。把固体调料和罐头分别放入柜子中，检查固体调料，如盐、味精、胡椒等有无变质、生虫，罐头类用湿布擦去尘土。达到物品摆放整齐，清洁、无杂物（图10-7）。

（1）　　　　　　　　　　　　　　（2）

图 10-7　调味料柜的清洁

三、不锈钢荷台柜清洁

取出柜内物品。用钢丝球蘸洗涤剂擦洗柜内四壁及角落，再用抹布擦净擦干。把柜门里外及柜子外部、底部、柜腿依次用钢丝球擦去油污，用清水擦净，再用干布把柜外部擦至光亮。把要放的东西整理利落、擦洗干净后依次放入柜内。达到柜内无杂物、无私人物品，干净、整洁；柜外光亮、干燥（图 10-8）。

（1）　　　　　　　　　　　　　　（2）

图 10-8　不锈钢荷台柜的清洁

四、炉台清洁

关掉所有的火。在炉台面浇洗涤剂，用钢丝球刷炉台上的每个角落和火眼周围，用清水冲至炉台没有泡沫；炉台靠墙的挡板、开关处及炉箱的油垢一并用钢丝球蘸洗涤剂擦洗干净。达到干净无油垢，无污渍；熄火时无黑烟（图 10-9）。

五、地面清洁

用湿拖把蘸洗涤剂，从厨房的一端横向拖至另一端。用清水洗干净拖把反复拖两次。地面平时保持整洁、干净，有污渍、水迹立即擦干净。达到地面光亮，无油污、无杂物，不滑，无水迹。

六、墙面清洁

用钢丝球蘸洗涤剂从上至下擦洗墙壁，细擦瓷砖的接茬处，用湿布蘸清水反复擦拭 2～3 次后擦干。达到墙面光亮，清洁，无水迹、无油污，不粘手。（墙面 1.8 米以下每天擦拭）

七、垃圾清理

每天中午、晚上落市后，及时清理各部门产生的垃圾。垃圾要进行分类处理，有价值的（如纸箱）要整理好后放到指定存放间，没有价值的应倾倒到指定地点。同时垃圾桶要及时清理，用湿刷子蘸洗涤剂，里外刷洗一遍，用清水冲净后放到原处。应达到里外清爽，无污渍、无油腻（图 10-10）。

图 10-9　工作场所一目了然　　　图 10-10　垃圾箱分类处理

行家点拨

在整个打荷操作过程中，要特别注意卫生状况，要注意专布专用，不能一布多用，要做到及时更换、搓洗、消毒。需要用手直接接触的菜肴，则须戴上一次性手套，拿、取菜肴要用食品夹。

在整个打荷过程中，保持打荷台的清洁卫生，及时处理各种废弃物，操作完毕后及时清洁工作区域，清除垃圾，收藏整理好剩余用品，整理洗净打荷用具，并进行消毒处理，摆放在规定位置，以便下次使用。

打荷厨师要养成讲卫生、操作动作利落，操作过程井井有条、不杂乱无章的良好工作习惯。同时，打荷厨师还应具备较强的协调组织能力，能协调厨房各项工作相互间的正常开展，还应有良好的职业道德和敬业精神，方能成为一名合格的打荷厨师。

相关链接

打荷台整理的五常法

1.常组织。常组织的含义是尽最大可能清理掉工作环境中的"废物"，其实施过程有两步：一是判断出完成工作所必需的物品，并把它们与非必要的物品分开；二是将必需品的数量降到最低限度并把它们放在一个方便取用的地方。其要求如下。

第一，不用的物品（超过一个月无再次使用的物品）及时清理。

第二，不常用的物品（在一个星期中偶尔用到）摆放在工作区域附近。

第三，每天都要使用的物品，摆放在触手可及的位置。

第四，每小时都要用的物品，随身携带，如筷子、抹布。

2.常整顿。常整顿又称常归位，实际上就是要给每一件或每一类物品找到一个明确的位置。其要求如下。

第一，每件物品要有一个独有的名字，确定每件物品的特定存放地点，把物品存放到指定位置。

第二，将消过毒的刀、小料盒、抹布、盛器等用具放在打荷台上的固定位置，将干净的筷子，擦盘子的干净抹布放于打荷台的专用盘子上。

第三，消过毒的各种餐具放置于打荷台上或储物柜内，以取用方便为准。

3.常清洁。明确落实每个人所负责的清洁区域。制定和落实严格的检查制度，常清洁是五常法中最浅显的法则，但对于厨房来讲却是最重要的一个法则。其要求如下。

第一，时刻保持打荷台清洁，确保里外无污物、无油渍。

第二，每天早、中、晚落市后，须将调料全部过罗清去杂物，将调料罐清洗干净，用抹布擦干。

4.常规范。常规范的精髓就是视觉管理，即用颜色、形状等感官更易感知的形象符号来代替文字说明。其要求如下。

第一，在调料柜上贴上不同颜色的标签来标示进货的时间。保证先入先出。

第二，标明物品不应超越的地方，以保证物品放置在指定区域内。

5.常自律。主要是指员工在制度执行上的自觉性，这需要管理者带好头，每个人都要给其他员工树立起模范形象。其要求如下。

第一，认真履行自己的个人职责。

第二，今天的事今天做，穿戴必须整齐、符合标准。

第三，时刻进行自我检查，力争做到更好。

拓展训练

打荷厨师必须学会调制的8种酱料：

一、红油酱汁

色泽红亮，咸鲜微甜，兼具香辣，具有"咸里微甜，辣中有鲜，鲜上加香"，四季皆宜的特点。

调味品

辣椒油20克，精盐、酱油各适量，白糖5克，味精少许，香油10克。

调制方法

先将酱油、精盐、白糖、味精调匀溶化，再加入辣椒油、香油调匀即成。酱油提鲜定咸味，精盐辅助酱油、白糖和味精组成的咸甜味。咸味恰当，甜味以口感微甜为宜；辣椒油要突出辣香味，用量根据菜肴的需要适量为宜，重在用油，辣味不宜太过（图10-11）。

注意事项

若酱油能够决定复合味的咸味，可不用或少用精盐。

二、姜汁酱汁

图10-11 红油酱汁

调味品

精盐2克，去皮老姜25克，醋35克，味精少许，香油15克。

调制方法

老姜洗净去皮切成极小的碎末，再与精盐、醋、味精、香油调和即成。在调制中要在咸味的基础上，重用姜、醋，突出姜、醋的味道；用味精在于增强姜醋味的鲜味，缓和姜醋的浓烈味；用香油衬托姜醋的浓郁香味；酸应不酷，淡而不薄。调制中精盐仍起着定咸味的作用，组成的姜汁味颜色不宜过浓，以不掩盖原料本色为宜（图10-12）。

注意事项

第一，准确理解味精的衬味作用，不宜过量。

图10-12 姜汁酱汁

第二，姜汁味就是要突出姜与醋的混合味，以清淡、提味见长。具有特殊风味，绝非淡薄无味。

第三，若醋色泽深，可酌情加凉鲜汤稀释，以使菜肴色泽协调。

三、蒜泥酱汁

调味品

蒜泥 7 克，酱油 10 克，精盐少许，红辣椒油 10 克，味精适量，香油少许。

调制方法

将大蒜去皮与少量菜油（或花生油）倒入白窝内捣茸，加水调至散开，与酱油、精盐溶化调匀后，再加入味精、红辣椒油、香油调匀即成（图 10-13）。

图 10-13　蒜泥酱汁

注意事项

第一，在调制中应在咸鲜微甜的基础上，重用蒜泥并以辣椒油辅助，突出大蒜辛辣味；再以味精调和诸味，香油增加香味。因此，在调味品的用量上，除重用蒜泥外，精盐、酱油、味精所组成的咸鲜味亦应浓厚；辣椒油与香油用量适当，只能起辅助与和味增香的作用，不能喧宾夺主。

第二，蒜泥宜拌后即食。拌的菜肴和蒜泥制品均不宜久放；久放不仅会失掉鲜美香味，相反，还会出现一种刺鼻的臭味。

四、椒麻酱汁

调味品

酱油 10 克，精盐适量，椒麻糊（以 60% 花椒与 40% 葱白和少量精盐剁成细茸而成）15 克，味精少许，香油 5 克。

调制方法

用精盐、椒麻糊、酱油、味精、香油充分调匀即成。在精盐、酱油、味精所组合的咸鲜味基本上重用椒麻糊。突出葱与花椒所组合的椒麻味，辅以香油使椒麻增香。构成椒麻复合味，但香油用量应适度，以不压椒麻香味为宜（图 10-14）。

注意事项

第一，酱油决定调味汁的色泽，精盐决定调味汁的咸味。

第二，掺入一定量的浓鸡汁，可使调味汁咸度适中，提高鲜味；同时，调味汁颜色也不会压抑或掩盖原料的本色，从而使菜肴色彩美观。

图 10-14　椒麻酱汁

五、芥末酱汁

调味品

精盐 2.5 克，酱油少许，芥末糊 25 克，香油 5 克，味精少许，醋适量。

调制方法

配制中以精盐定味，酱油辅助精盐定味提鲜，用量以组成菜肴合适咸度为宜。加醋激发冲味，去苦解腻，以突出芥末糊冲味为佳；进而加入味精、糖、香油，调补酸味和冲味，使芥末味具有特殊辛香的冲味，以使食者能接受的柔和味为宜（图 10-15）。

注意事项

第一，芥末糊要制好即用，并且在上菜前调味（久放刺鼻味渐消失，不具特色），这样效果才好。

第二，如香油量加够后，还觉菜肴不滋润，可酌情加炼熟后的菜油或花生油，以不压辛香味为宜。

第三，如调味汁的颜色太深，可加大精盐的用量，可减少或不用酱油，还可酌情加晾凉的浓鸡汁。

图 10-15　芥末酱汁

六、麻辣酱汁

调味品

精盐 3 克，酱油 15 克，辣椒油 20 克，花椒末 5 克，白糖 2 克，味精少许，香油 15 克。

调制方法

将精盐，白糖，酱油，辣椒油，花椒末，味精，香油调匀即成。配制中，酱油定味提鲜，精盐辅助酱汁定味，所形成的咸味应满足菜肴的需要，白糖和味提鲜，使味有反复，以食时回口微带甜味为好。在咸中有鲜、咸鲜有味的基础上重用辣油、花椒末，使麻辣味突出，香油辅助香味，使香味多样，用量以不压花椒与辣椒之香为度。配制中，若无麻辣则风味全无，若无咸鲜则麻辣无味，要做到虽麻辣但有咸味压，虽咸味但有鲜味和，性烈但有香味诱。此味性猛烈、浓厚，别有风味，因此深受人们喜爱（图 10-16）。

注意事项

第一，花椒应选择品质优良的碾末才有风味。

第二，若用于牛肉、牛杂的调味，可不用酱油，用精盐补充其咸味也不失风味。

图 10-16　麻辣酱汁

七、糖醋酱汁

调味品

精盐 5 克，酱油（有的原料要保持本色，则不用酱油）5 克，白糖 50 克，香油 10 克，醋 50～55 克。

调制方法

先将精盐、白糖在酱油、醋中充分溶化后，加入香油调匀即成（图 10-17）。

注意事项

第一，配合中，精盐一般用于码味定味，使菜肴有一定的咸味基础，酱油辅助定味并提鲜增色。在糖醋酱汁中，精盐和酱油所组成的咸味感觉微弱，只在回口时有感觉，这样才突出甜酸味风格、白糖和米醋味的主味。香油增香，用量应满足菜肴的需要。

第二，糖醋酱汁应浓稠，才有良好的味感。

第三，香油不宜放得过早，以免影响光泽度或香味挥发。

第四，要保持本色的，用白醋。

图 10-17　糖醋酱汁

八、酸辣酱汁

调味品

精盐 4 克，酱油 10 克，辣椒油 25 克，醋 50 克，香油 5 克。

调制方法

先将酱油、醋、精盐充分调匀，加入辣椒油、香油调匀即成（图10-18）。

注意事项

第一，配合中，精盐定咸味，酱油提鲜和味，用量上应注意"盐咸醋才酸"，两者所组成的此味咸度应较一般菜肴大些。醋决定酸味并提鲜除异解腻，用量以辣味稍带浓烈为好。香油增加香味，但用量应恰当，以菜肴有香味而不浓为准，此味应以"咸味为基础，酸味为主味，香鲜助味"为准。

图10-18 酸辣酱汁

第二，调味品中根据原料本身鲜味情况酌情加放味精。此种复合汁应现用现制，才能保证味感质量。放置时间过长容易变味。

思考与练习

1. 口述打荷厨师的主要工作内容。

2. 材料的准备有哪几项？分别是什么？

3. 打荷台整理的五常法是哪五常？

4. 打荷台整理的五常法中，什么是常自律？有什么要求？

5. 口述打荷厨师必学的8种酱料。

 ## 项目评价

油烹法评分表

分数	指标						
	佐料准备	调料准备	餐具准备	菜肴装盘和整理	菜肴围边点缀	清洁卫生	其他
标准分	10分	10分	20分	20分	15分	15分	
扣分							
实得分							

注：考评满分为100分，59分及以下为不及格；60～74分为及格；75～84分为良好；85分及以上为优秀。

学习感想